LUOBUPODANGAN

LUOBUPOFUDITANXIANZHILUJIEMI

◎高建群　著

罗布泊档案

罗布泊腹地探险之旅揭秘

陕西师范大学出版总社有限公司
SHAANXI NORMAL UNIVERSITY GENERAL PUBLISHING HOUSE CO.,LTD.

图书代号 SK14N0187

图书在版编目(CIP)数据

罗布泊档案：罗布泊腹地探险之旅揭秘／高建群著．—西安：陕西师范大学出版总社有限公司，2014.3
ISBN 978-7-5613-5025-6

Ⅰ．①罗… Ⅱ．①高… Ⅲ．①罗布泊—探险
Ⅳ．①N82

中国版本图书馆CIP数据核字(2014)第037321号

罗布泊档案：罗布泊腹地探险之旅揭秘

高建群 著

责任编辑／张建明 柯 灵
责任校对／童艺敏
封面设计／鼎新设计
出版发行／陕西师范大学出版总社有限公司
（西安市长安南路199号 邮编710062）
网 址／http://www.snupg.com
经 销／新华书店
印 刷／西安永琛快速印务有限责任公司
开 本／720mm×1020mm 1/16
印 张／13.75
字 数／155千
版 次／2014年3月第1版
印 次／2014年3月第1次印刷
书 号／ISBN 978-7-5613-5025-6
定 价／38.00元

序

站在罗布泊一处奇异的雅丹上，我眼角涌出一滴冰凉的泪。

朋友说这是罗布泊的最后一滴水。

站在罗布泊一处奇异的雅丹上，我把自己站成一尊木乃伊，从而给后世留下一处人造的风景。

——题记

感谢生活，它慷慨地给予了我这么多

我在死亡之海罗布泊待了十三天，即从一九九八年九月十九日进去，到十月一日出来。我待的地方，是罗布泊最深处，地质学上叫它罗布泊古湖盆。这地方当是罗布泊最后干涸之地。

较之我之前去的那两位或曰先行者，或曰先踪者，或曰死亡者，我都进入得更深。

先行的地质学家彭加木，他失踪的位置还没有到古湖盆，只是即达古湖盆地缘的沙丘，红柳、芦苇、芨芨草地貌，罗布泊号称有六十泉，他是去寻找泉水而失踪的。他的考察团队是从马兰原子弹基地方向进入的。

另一位先行者探险家余纯顺,则是从南疆的若羌方向,沿孔雀河古河道进入,他只走到了古湖盆边缘然后迷路,然后心脏病猝发而死。

其实在余纯顺出发之前,身体已经不适,大约也有一种不祥的预感,只是,当时六十几家中外媒体云居若羌,宣传态势已经造成,你走也得走,不走也得走,余先生只好硬着头皮,背着行囊出发了。——我把角色演到谢幕。

我的这本书出来以后,不少杂志报章从里面摘文章发。有一家刊物(好像是深圳画报),用了个耸人听闻的标题,叫"是谁害死了余纯顺"。我是在飞机上看到这杂志的,黑体大字标题吸引了我,我心里想,是谁害死了余纯顺呢?看完文章,结论是媒体害死了余纯顺,而那文章作者的名字竟然是我。这叫我哭笑不得。

那次罗布泊之行,我跟着的是央视的一个摄制组,摄制组则跟着前往罗布泊探取钾盐矿的新疆地质三大队。这就是我的腿长,能走那么远,那么深的原因。

我们在一个雅丹下面,支起帐篷,开起炉灶,一同来的一辆拉水车停在那里,就这样开始了十三天的停驻。

罗布泊古湖盆其实是由一层十三米到十八米盐翘板结成的硬壳,硬壳下面是几百米深的卤水。那盐壳就像坟堆一样,拥拥挤挤直铺天际。

我们的正南面,雾气腾腾处,当是那有名的楼兰古城遗址。正东面,是鬼气森森,千变万化的白龙堆雅丹,正西面,则是另一个同样有名的龙城雅丹。

这地方没有生物,像月球表面一样。在十三天中,我们唯一见到的一个生物，是一种花翅膀的小苍蝇，它是靠汲取盐翘上的露水而活的。我们称它是伟大的苍蝇。

那次罗布泊之行，距今已经十六年了。十六年来我再也没有回去过。只是从电视上不断地看到消息，说那里的大型钾盐矿开采已初具规模，说罗布镇已经建立（我想它应当建在我当年居住过的雅丹位置），说一条正式公路，已经从哈蜜穿越罗南洼地，通到罗布泊。

这期间，罗布泊钾盐公司曾经给我来过几次电话，要我回去讲一讲当年的事情。因为我那次见证了罗布泊钾盐矿第一口井的开掘，我还把作为样井标记的那个小木撅和三角旗作为纪念，带回我家中，它们现在正在我的书架上静静地待着。我得把它们带回去，交到矿业集团的展览馆去。可是说归说，我身子懒，重返罗布泊的事情，至今没有成行。

我的罗布泊的十三天，是终生难忘的十三天。它叫我远离尘嚣，用这个独特的罗布泊角度来重新看待和重新解释世界上的许多事情。

罗布泊的十三天中，我做得最多的事情，是登上高高的雅丹，盘腿坐在那里，像一个得道高僧一样，看红日每天早晨从敦煌地面升起，在马兰地面落下。

我常常想，如果我的一生能分成两个阶段的话，那么，罗布泊之行是一个界分点。即我的罗布泊之行之前的阶段，与罗布泊之行之后的阶段。

编辑有心，希望这本关于罗布泊的书再版，谢谢他们。如果这本书能给读者一些补益，一些知识量，一个认识世界的独特视角，那么我的这案头劳作也许是值得的吧！

前年的秋天，我曾重回过一次新疆。我在给一个景点题词时说，中亚细亚高原，它不但是中国的地理高度，也是中国的精神高度，每一个忙忙碌碌的现代人，他都有必要渐时地从琐碎和庸常中拔冗而出，来这里进行一次远行，洗涤灵魂，追求崇高！

就说这些吧！感谢生活，它慷慨地给予了我这么多——这么多的阅历，这么丰富的人生，这么多的思想，这么多高贵的读者朋友。

高建群

二〇一四年三月十四日

第1章

沧海桑田，鱼龙变化。

这个变化的过程可以叫地球时间，或者叫罗布泊时间。

在三亿五千万年以前，正如中国的东方有一座太平洋一样，在中国的西方亦有一座大洋。它的名字叫准噶尔大洋。它横亘在中亚细亚腹心地带。现在的新疆的大部分，现在的中亚五国，那时候正是这座大洋的洋底。

后来地壳变动，海水干涸，大洋露出洋底。地壳的挤压令天山山脉隆起，而洋底则成为草原和戈壁，成为塔克拉玛干大沙漠。

至十万年前时，海水浓缩成一个三万平方公里的水面。它称罗布泊，或罗布淖儿。它位于天山以北，塔克拉玛干大沙漠以南。

至公元纪元开始时，也就是两千年前时，司马迁曾在《史记》一书中，对罗布泊有过几次闪烁其词地提及。司马迁称罗布泊为大泽、盐泽、蒲昌海。

罗布泊之所以被《史记》《汉书》提及，是为了记述当时统治者的拓边之功，记述中原统治者对位于罗布泊深处的楼兰、龟兹等的征伐，对匈奴的征伐。想那时罗布泊从三万平方公里再度缩小，露出许多的陆地了。后来的唐诗中，有"黄沙百战穿金甲，不破楼兰终不还"的句

子，证明那时候楼兰已处在一片黄沙之中。

罗布泊的雅丹地貌

这以后罗布泊便被历史遗忘。

它的重新被记起是十九世纪末叶的事情。先是俄国探险家普尔热瓦尔斯基在罗布泊边缘地带探险，接着又有许多西方探险家到那里去，试图揭开这块中亚细亚腹心的神秘面纱。而在这些探险家中，成就最大，或者说运气最好的是瑞典探险家斯文·赫定。

斯文·赫定率领他的豪华驼队，以罗布泊人和回族人做向导，在这座死亡之海上游弋。一个刮大风的日子，他们迷路了。大风后来把他们刮到了一座死亡了的城堡面前。湮失了许多世纪的楼兰古城至此发现，西域探险重要的一页至此揭开。这个时间是一九〇〇年三月二十八日午后三点。

在罗布泊广阔的水域划行，奥尔德克与
斯文·赭定终生与罗布荒原结下了不解之缘

至此，楼兰热、罗布泊热、丝绸之路热一直延续到本世纪。

一九七二年，尼克松总统访华。作为礼物，他送给中国方面一摞从卫星上拍摄的中国地貌图。这图中有一张是罗布泊的图片。图片显示，这座从浩瀚的准噶尔大洋开始，到硕大的三万平方公里的水面的罗布泊，如今已经干涸，一滴水也没有了。图片上的罗布泊，像一只风干了的人的耳朵一样，每一圈轮廓线都记载着它逐年干涸的过程，这就是那张著名的大耳朵照片。

彭加木走失处

注入罗布泊的孔雀河、开都河的断流，塔里木河的成为季节河，是罗布泊干涸的直接原因。而中亚细

亚干燥的气候，不成比例的降雨和蒸发，是它干涸的另一个原因。

罗布泊重新成为一个焦点，则是一九八〇年科学家彭加木在罗布泊的失踪，和一九九六年旅行家余纯顺在罗布泊的死亡。彭加木在罗布泊探险时，给同事留下一个纸条：我去找水，吃饭不要等我。尔后便消失在茫茫罗布泊里，活不见人，死不见尸。解放军战士成散兵线，从这一处处沙丘中梳头似的搜索几遍，仍不见一丝蛛丝马迹。这事于是成为一个谜。余纯顺遍踏名山大川，后来却轻轻易易地死在罗布泊中了，这事也十分蹊跷。罗布泊于是从此成为一个险恶的地方，令人谈而色变。

瞎子跟上驴跑哩。顺古丝绸之路横穿大西北。乌鲁木齐九月雪。火焰山的热。连木沁镇。

前排左起青海台导演魏吉雅、陕西台导演安普选、周涛、
中央台制片主任林森、高建群、兰州晚报王总编、毕淑敏
后排左起新疆经济报记者朱又可、青海台记者、陕西台许兵、
摄像师黄晋川、宁夏台导演申斌拍摄者为总导演童宁

中央电视台受到法国一部叫《寻找失落的文明》的电视片的启发，想拍一个八集四百分钟的大型专题纪录片《中国大西北》。他们找到散文家周涛，周涛又拉上小说家毕淑敏和我，为这个电视片撰稿。三人成虎，一九九八年一年，我们放下手头的事情，跟上剧组在大西北广袤的土地上转悠。四个摄制组开着越野车，像无头苍蝇一样，在大西北兜着圈子，我们既然上了这个船，也就只能跟着跑。我对总编导童宁说，我们这是瞎子跟上驴跑哩！

第一摄制组由导演安普选领队。安导在翻阅报纸时，《北京青年报》上一篇罗布泊发现特大型钾盐矿的消息引起他的注意，他决定将这件事拍入他导演的《西部有金子》一集中。通过新疆的周涛、朱又可，安导联系上了发现钾盐矿的新疆三大队。三大队说，罗布泊只有每年的九、十月份，才可以进去和短暂居住，他们一九九八年进驻罗布泊的时间计划在九月中旬。他们欢迎摄制组和他们一起进入。

第一摄制组选好日子，乘坐一辆依维柯，从西安开发。计划九月中旬在乌鲁木齐与新疆地质三大队汇合。第一天由陕入甘，翻越陇东高原，晚上歇息在静宁。静宁的烧鸡和锅盔，驰名大西北。第二日从静宁出发，中午时分穿越兰州市，晚上到了武威。车子再往前走，那晚歇息在被称为古凉州的张掖。第三日从张掖出发，过酒泉、嘉峪关、玉门，晚上歇息在敦煌附近的安西。安西一出，就算出关了。安西这个地名，给人以不尽的沧桑之感。第四日从安西绕道敦煌，在敦煌莫高窟延挨半日，然后斜插柳园，翻越东天山，过红柳河，晚上歇息在新疆东部的名城哈密。第五日从哈密到吐鲁番，尔后顺吐乌大高速公路，直抵乌鲁木齐。

这一段路程整整四千公里。在林则徐、左宗棠流放新疆的年代，这一段路途他们要乘坐木轮车走一年的时间。一百年前，瑞典探险家斯文·赫定走这一段路，也用了几个月的时间。现在以汽车代步，路面也好，是比过去快了许多了。要不是摄制组路上走走停停，拍大漠的落日，拍河西走廊的玉米田，拍敦煌的莫高窟，拍天山星星峡的奇异风景，我们的旅途还会再缩短一些。

到乌鲁木齐，和地质三大队接上头。三大队在库尔勒。他们进驻罗布泊的分队，满载辎重，从库尔勒到乌鲁木齐，双方汇合。在新疆地勘局商谈后，商定十八日从乌鲁木齐启程，晚上歇在鄯善县的连木沁镇，十九日，从连木沁经迪坎尔进入罗布泊。

我们到达乌鲁木齐的第二天，也就是一九九八年九月十五日，乌鲁木齐意外地降了一场大雪。大雪纷纷扬扬，整整下了一天。胡天八月亦飞雪，这话不假。又听说罗布泊那地方，更冷，于是摄制组开始到街上采购大衣、棉衣、羽绒衣、毛皮鞋之类的装束。

罗布泊的典型地貌

我和西安电影厂的编剧张敏先生，满街转悠，后来在一个小巷里，找到一个门面很小的军用品处理商店。冻得瑟瑟发抖的我们，立即将商店里的棉衣、棉大衣、棉皮鞋之类，尽量地往身上穿。后来，当我们走到街上的时候，惹得一街两行的目光往我们身上瞅。看见街上的女孩子，穿着短裙、裸着双腿的样子，我们问她们冷不冷，她们说不冷。

罗布泊是什么？罗布泊那里都有什么在等待着我们？我们一无所知。我们唯一知道的是，那里是一个险恶的所在，是无人区，是死亡之海。

罗布泊的大耳朵图

第2章

临离开乌鲁木齐时，大家都在和家里人，和亲朋好友通电话。语气凝重，好像是临终告别一样。我也和家人通了电话，我在电话中说，如果我回不来了，请妻子和儿子对着北方，面对落日哭三声。这话现在说来，似乎有些矫情，不过，当时面对即将到来的罗布泊大神秘，我们正是这样的心境。

记得，我还和好几位朋友通了电话。一个朋友告诉我，到了罗布泊，跟在别人脚印后边走，千万不要单独行动。这话我在离开罗布泊，回到西安的家里之后，才知道这句忠告的重要性。原来，罗布泊三万平方公里的地面，在随时发生着变化。今天这碱壳上可以走汽车，明天说不定一脚踩一下，地皮稀疏，你就要掉下去了。而下面是一百米深的卤水层，你大约会被卤成人干。

闲言少叙。九月十八日从乌鲁木齐翻火焰山，过吐鲁番，到达鄯善以西二十公里的连木沁镇。连木沁镇是地质一大队的驻地，我们就在一大队招待所过夜。记得翻火焰山时，天热得叫人喘不过气来。张作家一身棉衣，一直坚持。后来，终于坚持不住，脱了，仅穿一件汗衫。这成为大家一件趣谈。

以上是在地质一大队的招待所里，就着那张白木桌子写的。中亚细亚的夜晚，夜已经很深了，户外的景物还清晰可见。大地和天空，笼罩在一片柔和的白光中。

李娜的歌声。维吾尔族洋缸子。坎儿井。通往罗布泊的五条道路之一——迪坎儿乡。桃色上脸。

十九日早晨从兰新线上一个叫连木沁的小镇出发。连木沁我后来从斯文·赫定的《罗布泊探秘》中知道，它是一个古老的地名，重要的地名。其古老和重要，不亚于天山峡口那个达坂城。马仲英当年进攻新疆，曾在这里囤兵。而斯文·赫定的罗布泊之行，最初似乎曾有意从这里进入，后来怯于路途的险恶，改由罗布泊南面孔雀河方向进人。

我们离开兰新线，向正南方向驰去。嵯峨的山口。这些山奇形怪状，峥嵘可怕。这仍是火焰山向东的延伸部分。过了山口，还有一些绿色。葡萄架。一簇簇高挺的白杨。渐渐的绿色越来越少。过鲁克沁镇，几乎都是维吾尔人。一位穿白色连衣裙的女子，拖一个小孩，拦车。我们的车已经载满，于是只好歉意地向她摆摆手。

车上放起歌曲，李娜的《青藏高原》，高昂而美丽，像一只发情的母狼面对空旷、雄伟、暴戾的大自然狂唳。欣赏这首歌只有在这样的地方。一个人一生能唱出这样一首歌，就算不白活了。

这声音是孤独的人类在面对大自然时努力扩张自己。

同车的三大队总工程师陈说，罗布泊是塔里木盆地最后干涸的地方。以前人们不知道。一九七二年尼克松访华，给中国送了一套卫星上拍摄的照片，根据照片，我们才知道罗布泊干涸了。

路上堵车，前面有翻浆地。鄯善县公路段在修。这里还没有脱离

人类的关照和社会秩序制约。

一辆大卡车上拉了一车维吾尔洋缸子。鄯善县的一个小伙子娶了前面小镇上的一个丫头，这车是去迎亲。

从兰新线的这一处进入鲁克沁小道，车上一位朴实的富态的母性的维族洋缸子告诉我，她有十个儿女，她十三岁时结婚，十四岁时生孩子。现在，她的儿孙共五十口人。车上有她的三个女儿，还有她最小的一个孩子（七岁）。我和她交谈，在交谈中想起忘却了的一些哈萨克语言。比如多是“颗木颗木”，走是“开台”，吃是“杰依搭”，骂人是“克囊斯给”等等。我赞扬她的伟大，像一棵老树一样枝叶繁茂。她才四十九岁，和我的年龄差不多。

这时候已经进入荒凉的戈壁了。火焰山已被远远抛在后边，视野开始变得开阔。举目望去，偶尔，高处有几株沙柳，低处空旷沙漠里，有几团骆驼刺。

几位维吾尔兄弟在距公路三百米的一座沙山下面挖着什么，我们赶去架上摄像机。是在挖坎儿井。

地表水距地面只有四米深。下面便是潜流河。挖一口井，其实是将水引出来，截住，聚起，然后隔一节一个井，这水便一明一暗地一直通向公路另一面的村子。

挖井的人中，有人说坎儿井是林则徐发明的，有人说是王震发明的。但是多数人说是维族人自己发明的，古来有之的事情。

我同意这第三种说法。这正如我在前些年的一篇小说中，论证酸牛奶是舶来品还是国粹一样。

堵车的途中，有几个维族小孩骑车上学。一个小女孩穿一身红衣服，很清秀。她一句汉语也不会说，司机老任曾经在这儿（艾丁乡）插队，会些维语，问她，知道她今年十五岁了，上六年级。我问她上完小学以后到哪儿上中学，她说不上了，回家结婚。

中午，我们在迪坎儿乡吃饭。说是乡，其实只有几户人家而已，这是进罗布泊之前最后一个乡了。这里也是最后一个有淡水的地方。我们吃饭，三大队的拉水车装水。这里是最后一个可以奢侈地喝水的地方。

行进途中休息

的脸突然火辣辣地疼起来。照照汽车反光镜，发现满脸通红，像要滴血。这一是气候干燥，一是我贪婪地看窗外风景，没有关窗户，被风吹的。这里没有卖擦脸油的，于是要了同车小王的擦脸油，把脸上严严实实地涂了一遍。

同行的张作家调侃说，这叫桃色上脸。

以上是趴在迪坎儿路旁一家小饭馆的桌子上写的，写完后登程上路。

第3章

一出迪坎儿，简易的柏油马路到此结束，绿色至此到头，人烟至此到头。

洪积平原。伟大的苍蝇。觉罗塔格山。三岔路口。《泰坦尼克号》音乐。由崇高感引发的话题。

一条由车辙碾出的路通向灰蒙蒙的戈壁深处。别无选择，我们只有向前走去。

四周像死亡一样静寂，天上不见一只飞鸟，一只蚊蝇，地上不见一棵草，一株树，所有的生物和类生物都没有了，这里是死亡之海而我们的行程仅仅开头。

这种地貌叫洪积平原，几亿年的风雨剥蚀，将山剥成一块块碎片。戈壁滩没有雨，但雨一下就是大雨，雨渗不下去，便成洪水，洪水漫过，便冲积成平滩。

但这并不是我们印象中的平原，因为没有一滴水，而气候干燥得仿佛划一根火柴就能点着。这块洪积平原有几十公里宽。我们是横穿它的。陈总说，如果顺着它往下走，下游也许会是有名的交河故道。

戈壁遗迹

我们渴望能遇见一个有生命的东西，即使是戈壁滩上突然跑过一条蛇，那么这蛇就是亲爱的蛇，跑过一条狼，那么这狼就是亲爱的狼。但是没有，什么都没有。

我们发现一个生物，是一只苍蝇。不过这苍蝇不是戈壁滩上的，而是我们的车里的。昨天我们路经天山风口时，在一个小饭馆里带下的。至今它嗡嗡地在我们的头顶偶尔飞过，在这束红柳钵上竟然有一只田鼠在打洞，这是我们前往罗布泊古湖盆时唯一见到的动物。田鼠采红柳的根系生存，红柳根系被掏空以后。如遇风就会连根拔起，成一个团状在风中滚动。路途中我们见到许多滚动的死红柳钵令我们的孤独、绝望、惊悸的心情稍有些分散，有些安慰。亲爱的苍蝇，伟大的苍蝇，好苍蝇，让我说一声爱你。

记得诗人席勒也赞美过苍蝇，他说一只苍蝇飞来，告诉他春天已

经来了。小时候读这句诗时，曾经哑然失笑，现在我不笑了。

我这时候又记起歌德的关于苍蝇的两句诗：早晨我打死一千只苍蝇，晚上却被一只苍蝇吵醒。但是我们决不打这只苍蝇的，我们爱它。它现在成为我们这次行程的一部分。

戈壁滩是褐青色的，全都是细碎的石子。过了洪积平原，进入一块丘陵式的山脉地带。这山叫觉罗塔格山。过了觉罗塔格山，眼前又是黄沙漫漫，铺天盖地。汽车向前方的一条绵延起伏、隐约可见的山脉驶去。

我们一共有六辆车，一辆拉水；一辆拉蔬菜、帐篷与煤；一辆拉钻探用具；其余三辆坐人。我乘坐的三菱越野缓慢地跟在拉水车的后边。司机老任说：记住，永远跟着拉水车行走，这样水到那里，你跟到那里，心才会踏实。他强调说：这是一条经验！

驻扎营地

这里还不是罗布泊。前方袖珍型的小山是库鲁克塔格山。该山是天山向东伸出的一支余脉。这里是库鲁克塔格山脉地带。这是蒙语，库鲁克是干、塔格是山，这么说这山叫干山了。

前面的车辙是矿山的车碾下的。短短几年，库鲁克塔格山发现了金矿、铁矿、花岗岩矿、大理石矿。据说一座金矿年产黄金五百公斤，而花岗岩则是著名的鄯善红。

这样在戈壁滩上有时会出现车辙碾出的三岔路口。像那些浪漫歌谣里唱到的那样：牧人们给那些草原上的三岔路口放一块大石头，作为路标。这些大石头上不写一字，如果偶尔有字，那字是注意二字。这石头也放得很奢侈，是著名的鄯善红。

这三岔路口的石头令我想起一首俄罗斯古歌。那讲的是俄罗斯勇士道伯雷尼亚关于财富、爱情和死亡的故事。容我有时间进入罗布泊腹地，停驻下来以后再细细讲吧。

落日凄凉的余晖照耀在这死亡之海上。行进中，司机老任放起了影片《泰坦尼克号》的音乐，尖利的女声仿佛要撕裂这亿年的孤寂，努力扩张自己，嘤其鸣也，求其友声。

我想哭。我有一种崇高的感觉，我感到自己，正向地狱行进，向死亡行进。我这时候脑子里回旋着《圣经》里的一段话：有一天，那是末日，海水会倒溢，坟墓会裂开，死者会从坟墓中冉冉走出，用他褪色的嘴唇向你微笑。

这种宗教般的感情在我已经是三十年前的事情了，这种感情在我身上出现过两次。一次是我当红卫兵的那些日子，一次是我手握六九四〇火箭筒，趴在中苏边界一个碉堡，面对汹涌而来的坦克的时候。

按照理论，一个火箭筒射手的心脏所能承受的火箭弹的震裂声是十七次。超过十七次，心脏就会被撕裂。那次，面对成扇形冲过来的

坦克，我为自己准备了十八颗。我将火箭弹擦拭一遍，放在自己的左侧，然后一边抽着劣质香烟，一边脸上含着古怪的微笑，眯起眼睛瞄准。那次我剃成了光头。而这场局部战争后来没有打，坦克停住了，我脸上的古怪微笑也永远地凝固在脸上了。为什么没有打，我不知道。

到晚上，一共行进了一百六十公里，车辙引着我们来到一个袖珍型的山顶。这里有灯光，而且意外地有几间客房和商店。

这里就是花岗岩厂的所在地。路上我们偶尔见到的那些车辆拉着的石头，还有三岔路口那些色彩斑斓的石头路标，就是出自此处。

小商店里竟然可以唱卡拉 OK。我们下车后的第一件事就是循着声音找到小商店，然后抢起话筒唱了几首歌。我唱的是《一帘幽梦》。一位俊俏的四川口音的女子，站在旁边。这里不但有人，而且还是个女子，这真像天方夜谭。我邀请这女子跳舞，她笑着拒绝了。她去做饭。

我们带来的那只苍蝇，随着我们下车，一起飞到商店，又飞到我们下榻的地方，仿佛是一只神虫。

我们的房间里，先期已经有一只苍蝇了，现在又来了一只，两只苍蝇于是嗡嗡地在房间飞。那苍蝇是先期来过这里的哪一辆车带来的，我们不知道，不过但愿这两只苍蝇一只是公的，一只是母的，那么这个死亡之海除了偶尔路经的人外，就有了第一代生命了。

花岗岩矿是金矿的附属矿。管理这两矿的乡镇企业的老板叫杨三姓，甘肃静宁县人，一九六八年当兵到西藏，后换防到新疆，转业到鄯善县人武部，后来，到城关镇。那么说这乡镇企业是城关镇开的。

这个小商店和小饭馆则是那四川女子开的，女子叫何昌秀，成都人。我很惊讶，问她怎么知道世界上有这么一个地方，然后从遥远的南方跑到这里来，她笑着说，为了钱。

在我们的大西北游历中，处处可以看到川妹子的身影。四川女子的那种生存能力令人惊叹。这位何昌秀，原来是成都百货公司的一名售货员，后来厌倦了工作，只身跑入大西北。当听说这里有大理石矿以后，坐拉矿车来到了这里。她将自己这些年挣下的三十万血汗钱投资办了个矿，而这客栈，只是副产品而已。

晚上喝酒，然后是漫无边际的拉话。

新建的商店

我请教杨老板，请教我们的陈总工，要他们谈谈我们在什么地方，谈谈这里地貌形成的原因。

他们说，三亿五千万年以前，我们的南边是一片浩瀚的大海，名叫准噶尔海，我们的北边是一块大陆，叫塔里木大陆板块。后来沧海桑田，山谷为陵，形成现在这样的漫漫荒漠，死亡戈壁。

现在我们站立的地方，叫库鲁克塔格山，当时是海陆交接处，后来地壳变动，这一块被挤压而隆起，形成山脉。这山应当算中天山。北天山一直通到乌鲁木齐，南天山则一直通往甘肃河西走廊，甘肃的祁连山其实也是天山，祁连是蒙语天的意思。

我们刚才路经的那地方，地质上叫康古儿海沟，当年曾是大洋中

的一条裂缝，一条狭谷。现在地理上叫南湖戈壁，或者叫罗布泊南沿戈壁。从敦煌到哈密到吐鲁番到天山博格达穿越绝地峰这一片沙漠，都叫南湖戈壁。

夜里有一颗星，其大如斗，闪烁在东南方向。它叫什么名字，我不知道。披着夜色，我到野外解手，突然发现这里有了第一钵红柳丛。

有了人烟，生命也就有了。这里开始有了第一束红柳，接着就会繁殖出很多，正如这里有了第一只公苍蝇、母苍蝇，不久就会有更多的苍蝇了。

陈总说，新疆有两种树木，一种是胡杨，一种是红柳。红柳的根可以扎到地下五米，胡杨的根可以扎到地下十米，只要地表水在五米，这两种一个灌木、一个乔木便可以生长。

那么说，这里五米的地方有水了。陈总说有水，但这是碱水。这里的地名叫碱水沟。我们吃的水，用的水，都是从迪坎儿

胡杨

拉来的。

上面这些字是九月二十日早晨吃过早饭，趴在桌子上写的。大车已经加满油，先走了，我们也马上走，所以只能写到这里。

昨天的道路还有车辙可循，今天已经没有路了，要靠卫星导航仪和指北针指路，我们现在就走。

新疆话把走叫开台。那么，开台吧！

五条道路。麻黄草。迷路。司机老任在走错的路口埋下三个矿泉水瓶子。

通往罗布泊的路现在探出了五条。一条是我们现在走的这条，即从鄯善出发，经迪坎儿进入。还有四条，一条是从库尔勒沿孔雀河故河道进人，一条是从若羌县方向进人，一条是走马兰原子弹试验基地，一条是走敦煌莫高窟方向。

我们是随新疆地质三大队进入的，三大队在罗布泊北凹地寻找钾盐。或者这样说，钾盐经四代科技工作者的寻找，业已在罗布泊古湖盆地区找到，地质队现在做的工作，是进行实质性可行性开采和勘察。

地质三大队的驻地正在库尔勒，本来，从那里进入要近一些，但是，孔雀河故道的路不好走，于是队伍绕道乌鲁木齐，至鄯善连木沁，从这边进入。

车队向戈壁纵深进入，缓慢地下行。

意外地，路边出现了零零星星的几团绿色。这绿色植物正是骆驼刺，那被人们千百次赞叹过的东西。司机老任说，今年有几场雨，所以能见到几星绿色。

我想起令人尊重的前辈作家李若冰先生。李当年(一九五三年、

一九五四年）也曾经是地质队员，青海一支地质勘探队的队长，他因《柴达木手记》而成为作家，他的笔名就叫沙驼铃。

后来我知道了这不叫骆驼刺。老任纠正说，这一团一团的像坟堆一样出现在戈壁上的东西叫麻黄草。药品麻黄素就是用它提炼的，它也可以提炼毒品、冰毒之类。

但是地上仍然任何生物都没有，哪怕是一条蜥蜴，一条蚯蚓，一只蚂蚱也没有，什么都没有。

发现有两只不知名的小鸟、一团野骆驼粪。一只瞎猞在麻黄草底下刨出新土，是在一片盐碱滩上。

这里二十年来没有见下雨下雪，但是今年，在我们来的前几天，下了大雨。陈总说，这地方年降雨量是十到十五毫米，年蒸发量是二千五百毫米到三千毫米，这真是一个不成比例的比例，或者干脆说，这地方只蒸发，不下雨。罗布泊之所以干涸而成死亡之海，塔里木河断流、孔雀河干涸是主要通往罗布泊路上的沼泽地。据说这里当年曾是一片芦苇滩。现在则一根芦苇也没有了。

罗布泊腹地

我们到来之前的一个礼拜，罗布泊曾下了百年未遇的一场雨，这地方遂成为沼泽。我们的一辆大卡车在沼泽里陷了三个小时，但是这里的年降雨量几乎等于零这个事实，不能不说亦是个主要原因。

这里是亚洲大陆腹心，距最近的入海口太平洋岸边连云港三千五百公里，距印度洋、北冰洋则更远。

由于有了这一场雨，荒原上出现几星绿草，出现了几个碱滩。碱滩白花花的，仿佛落了一层厚厚的雪。

我现在明白了，为什么这里不见一件有生命的东西。干旱固然是一个原因，然而更重要的原因是，这里的地层是一个隆起的大碱壳，它杀死了一切地表上有生命的东西。

在一个低洼的碱地里，残留有几洼水。我尝了尝，水是淡的，说明这是雨水。这雨水几天之后将像三万平方公里罗布泊一样消失，但现在还没有消失。我为能在这里见到水而神经兴奋，我查找了所有的水面，试图从水中找出哪怕是一只蜉蝣，一条蚂蟥，一条蝌蚪，或者一点绿色的地藻也行，但是没有。

第4章

据说在火山口，沸腾的岩浆中，仍然有鱼存在。但是这里前往罗布泊的路上我们见到的一点积水。我们回来时它已经被蒸发干了，变成盐碱滩。远处那美丽的山像一个斑马，陈总说那是石资山，一点最低级的生命状态都没有。

我们迷路了。

昨天我们就曾经迷路。我们顺着一条新鲜的车辙往前走，结果越走越感到不对头，后来在一个小山包的脚下，见到几顶帐篷，帐篷外边是两只摇摇摆摆觅食的母鸡。一问是十一地质大队的，才发现路走错了，于是返回来重走。

这次，就是在出现那两只不知名的小鸟的地方，我们的车又迷了路。我们是靠什么辨认方向呢，除了卫星测向仪，除了指北针以外，主要靠的是去年撤离时留下的车辙。

那地方有一道新鲜的车辙。这车辙不知道是在今年的什么时候，什么人来过。别的地质考察队吗？因为除了新疆地质局隶属的队伍以外，还有石油地质队，水文地质队。抑或是天外来客吧，因为前方是一片虚无。

车走了一阵，凭一种第六感觉，陈总发现方向不对，于是，压尾的三菱越野迅速地从戈壁滩上绕一个圆，截住前面开路的车。

雅丹地貌

车队停下来，判断方向，搜索记忆。我乘坐的三菱越野是陈总的指挥车，我下了车。陈总现在乘着车，在戈壁滩上转着一个一个的圆，寻找去年的车辙。

我上面的这些文字，就是在车队停下来以后，趴在一辆解放牌大卡车的车头上写下的。

圆一个一个地转着，越来越大。终于，发现一道旧的车辙了，众人一阵欢呼。

罗布泊边缘的古老烽燧。专家认为。长城的终结处不在嘉峪关，这些烽燧是长城的延伸部分。车队重新启程。三菱越野现在还要做一个事情，就是回到最初走错路的地方，在那路口画了几个阿拉伯数字“8”。司机老任说，车队碾的辙印这么深，后边再来的人会随上我们走错路的。

走了仅仅几公里之后，前面发现一座百米高的白色的碱山。这个东西以前从未见过，大家判断路又走错了，一番折腾之后，在不远处找到隐约可辨的车辙，队伍于是折回来重走。

错误的路线走下去会产生可怕的结果。这次，慎重的司机老任，从车上拿下来三个矿泉水瓶子，瓶子装满沙子，然后埋在那个错误的路口。瓶子的一半露在外面。后面来的人会想，为什么这里埋着三个奇怪的瓶子，如果他不是白克（白克是新疆话傻瓜的意思），他就会慎重些！老任说。

陷入沼泽。马的骸骨。由这骷髅想起张贤亮先生小说中的另一具骷髅。同时想起乞力马扎罗山的海明威的狮子。

前行的道路显然是对的，车也像有灵性似的，变得轻快。这是下坡，向罗布泊湖底行走。

前面的戈壁和沙丘都变成了洁白的颜色。这不是雪，这儿终年不落雪，这是碱的颜色。碱在经过前面那一场雨之后，浮出了地面。

汽车变得格外慎重起来，但是领头的那辆大卡车，还是陷入了沼泽里。

新疆的司机，拖车是家常便饭，地质队的司机，更是在行。路途中，曾有多次车陷在沙窝子的情况，这时司机像变魔术一样，从车上抽出两根椽来，一个后车轮上放一根，汽车哼哼两声，就踩着椽，从沙窝子里爬出来了。

但是这一次陷进沼泽里要严重得多。车不停地往下陷，每一次颤动都会陷下去一些，地壳下面是一个大的碱海，液状的，地质术语叫它卤水，就像农家点豆腐用的卤水一样。这辆汽车陷进去以后，也许会被卤成汽车干。

三菱越野在前面跑了一阵，发现前面的沼泽更大，路是走不通了。于是拣那些白色较浅的地方一个猛冲，冲上一座沙丘。这里的地皮硬一些。然后顺着沙丘边缘，绕了很久，绕出这片沼泽。

途中补充能量

第5章

路探出来了，下来的任务是拖车。一个半小时之后，车被倒退着拖出来了，尔后，车队沿着三菱踩出的路，战战兢兢地穿过沼泽。

那一星点儿的绿色已经没有了，四周又变成褐黑色一片。像宇航员所告诉我们的月球的表面一样死寂，凄凉。我有一些害怕，有一些后悔此行，我感到我像是在向地狱走去。

张作家的父亲在半个月前过世。我对张作家说，老人家在弥留的那一刻，他的脑子里出现的肯定是我们所经历的这一幕情景。

戈壁滩上突然出现了一具马的骸骨，于是我们围着这骸骨简单地用饭。

马白色的骷髅，雪白，纯净无尘，后面拖着一节节正在散架的肋骨。这是我们的楼兰女尸，当然，它死去的时间不会很长，最多十年，或者五年吧。马的四蹄钉有铁掌，表明这是一匹正在使役的马。

我们围着这骸骨打尖，吃着馕，喝着杯子里的水。这马是因为干渴而死去的吗？它为什么要到这不毛之地来。它是偶然地闯入的，还是为别的什么事情。我保温杯里的水已经不多了。水不多使我的心里有些恐慌，但是，我还是将几滴水洒在那白色的骷髅上，我迟到了！如果早有这几滴水，你大约不会死的！我说，而干渴的骷髅迅速地将水吸吮进去了。

罗布泊边缘发现的马的遗骸

那颗其大无比的星星又出现在南天一竿子高的地方，而在西方，太阳剩下了一个硬币大的红色圆点，正缓慢地落入地平线之下。

对着骷髅，我想起我的好朋友张贤亮先生的一部小说。小说里有这样一个细节。一群犯人在沙漠里挖战备壕，挖出来一具女尸。只有白花花的骨骼了，那怎样辨定她是女尸呢？他们是凭她那一头飘飘青丝辨定的。

一群性饥渴的男性犯人凭借女尸，做着无边的想象。他们把她想象成世界上最美的女人，他们心目中的理想女性。他们流着涎水，哂着嘴巴。而在中午工休的时候有几个人遗精，几个人躲在沙包子后面手淫。

对着罗布泊边缘的这匹马的遗骸，我还想起海明威小说中的一段话。海明威在一本书的扉页中说:在非洲最高的山——乞力马扎罗山的山顶,雪线以上,有一匹冻僵了的狮子的遗骸。这只狮子跑到这既高又冷,既没有食物又没有爱情的山顶干什么来了?没有人能做出解释。

这匹可怜的马跑到这罗布泊边缘干什么来了,亦没有人能做出解释。

现在是北京时间八点半,乌鲁木齐时间六点半。对于继续往前走还是今晚在这里住宿,大家争议了一阵,最后决定还是继续往前,今晚上到达罗布泊基地。

车继续摸黑向地狱般的深处行走。德德玛的歌。腾格尔的歌。歌原来是这样产生的;或者说,歌原来是为这样的旅途、这样的夜晚准备的。车上的男人们的话题。女诗人——歌星邓丽君——女球迷,以及一些性安慰、性幻想之类的话题。男人们用这些来打发恐惧感和寂寞感。

车队现在开着大灯,摸黑行走。这样走很危险,很可能偏离方向。但是大家都这样要求,慎重的陈总只好放弃了自己的意见。

外面漆黑一团,头顶上繁星点点,这多少令我们少了些恐惧。恍惚中,我总感到我们像在人口稠密区行进,说不定绕过一个弯子,眼前会出现一片灯海,一座城市。

车上放起了音乐,是德德玛的《美丽的草原我的家》。那里面有一种母性的东西,叫人感动流泪。像黄昏时分,母亲站在蒙古包前呼唤儿女们回家吃饭,或者像母牛在哞儿哞儿地呼唤小牛归圈,那么宽厚,那么慈祥,那么可靠。有一天我见到德德玛,一定将这一刻的感觉告诉她,告诉我此刻像一只蚂蚁面对雍容华贵的蚁后,一只蜜蜂面对雍容华贵的蜂后一样,我有一种膜拜的感觉。

还有一支歌是腾格尔的《父亲》，同样叫人心中充满暖意。流浪的男孩子在向他的精神的神膜拜。这世界上还有一种至高的东西，一种可靠的力。听着歌，我遗憾地想到，我的父亲已经过世了，老子不死儿不大，这是一句民间俗语，我得自己硬着头皮支撑人生，我没有可供躲藏的空间。

腾格尔是我的小说《大顺店》改编成电影时的音乐的歌唱者。那电影已经拍成好几年了，导演是于小洋，女一号是史可，听说在法国放着，中国不知道为什么还没有放。力主往前走的是张作家。他还幻想着前面能出现一个奇迹，有几间房子，有灯光，还有俊俏的四川妹。

其实那罗布泊基地，只是想象中的基地而已，那里什么也没有，地貌比这里还差。陈总说，这次去，选好地方，挖两个地窝子，以后冬天的时候留两个人守在那里，隔一段时间去取一次卤水水样。

张作家沉默了。后来他说，回到城市后，他要做的第一件事情是立即到舞厅去，抱住一个卡拉妹小姐，跳它个天昏地暗。面对这空旷和黑暗，他遗憾自己过去把许多晚上虚度过去了。

陈总说，奇迹也许会有的，有一年他们翻过龟背山，刚刚转过一个弯子，突然发现有灯光。这是石油地质队的，石油队像见了亲人一样欢呼他们的到来。为他们端盆子上菜的竟然是女大学生。

不过陈总接着又说，这奇迹不会有的。道路上没有今年的辙印，假如石油队的人在里边，他们同样得到迪坎儿拉水，那道路早就碾出来了。

我为腾格尔写的那首电影插曲叫《有女人的地方就是家》。

我对陈总说，地质队可以招一两个女的来。陈总说，那不方便。我说，那可以从城里的桑拿卡厅洗头洗脚店招几个从事那种职业的女人来。陈总说，那不行，队员们挣的几个养家糊口的工资，都三倒两

倒,倒到她们腰包去了。陈总还笑着说,那他这领导就成了虚设,而她们就成了这里的实际领导了。

中国的男人在一起,所有的话题谈到最后,都会落脚到女人身上。

我对陈总说,十多年前开笔会,内地来了一位女诗人,报到那天晚上,主办单位举办舞会。由于大家谁也不认谁,所以跳舞的时候,没有男士邀请这女诗人,女诗人红颜一怒,第二天早上背了个包,一个人跑到阿尔泰去了。会议结束那天,女诗人回来了,她自豪地对大家说,她被三个男人强奸过,哼,你们还不邀请我跳舞,你看看我的魅力!

话说到这,张作家也说了同样一件事,他说的是故世的歌星邓丽君。邓丽君为了说明自己魅力尚存,说她在东南亚演出时,一个男孩子为她倾倒,将她劫持到酒店里。

我对陈总说,回去后我就给这位女诗人打电话,她很高尚高贵,她肯定不要钱,她只是扶贫帮困,(张作家插了一句说:活雷锋),你们管吃管住,她算是深入生活,到时候,一本书就出来了,各得其所,两全其美,驴啃脖子工变工。

陈总听了,笑着不说话。

我见他不信,就说,现在这样的女孩子多得很。一位女球迷,前几年在一家足球报上发了个倡议,鉴于中国足球屡战屡败的尴尬局面,倡议从全国范围内招募五百个漂亮的女孩子,前往勾引马纳多拉。这样二十年后,中国将有五百个小马拉多拉组成一支不可战胜的队伍,横行世界足坛。二百五十名是男足,二百五十名是女足。这女球迷还决定身体力行,从自己做起,她先去施美人计,放倒马拉多纳。

到达罗布泊古湖盆。月光下的死亡之海。水。这样吃饭。半块馕。头枕罗布泊,眼望星星。烟灰缸。

有一个有地貌特征的地方叫龟背山。天太黑，翻越龟背山时我们不知道，龟背山以下，便进入罗布泊了。地质学将这里叫罗布泊罗北凹地。

罗布泊的龟背山

翻越龟背山的时候，拉水车坏了。这真是一件要命的事。我们的三菱守着拉水车，等了几个小时，直到车修好，方才上路。这拉水车是雇的维吾尔人的，说好拉到罗布泊营地，每公斤水一块钱。车是两个维族小伙子开着的。他们从旧货市场上，花三千五百块钱，买了这个破烂，车上再装一个水罐，为我们送水。地质队的可怜，这里可见一斑了。

凌晨一点半，车灯一闪，前面空旷的地面上出现了几座山崖，汽车停了下来。罗布泊基地将建在这里。

下了车，倚着山崖向南面一望，只见眼前是一片浩瀚无边、波浪滔天的大海。白色的浪头一波接一波地从天际向这里奔涌而来，我似乎

能听到涛声，听到大海的呜咽。

我举步向大海走去。脚下坚硬如铁。这浪头确实是浪头，一个连一个，一波接一波，但这是凝固了的。它是死亡了的海，是罩在卤水汪洋上的一层坚硬的碱壳。

罩在卤水汪洋上坚硬的碱壳

波浪尖利的锋面划破了我的皮鞋。

第一件事情永远是水。先从一辆汽车上卸下来个储水罐，搬来几块碱壳将罐支好，然后从拉水车上放水。在往罐里放水的同时，地质队给每个人发一个塑料桶，让大家也将塑料桶接满，带在身边。

这样做也许是多余的。因为罐里有水。但是人们担心，罐里的水会突然漏掉，渗进土里。好像只有每人身边都放一桶水，心才会踏实。

第6章

接着是卸车。卸帐篷，帐篷的支架，煤和锅，电台，各样蔬菜，几斤羊肉，各种勘测用的仪器，等等，天太黑，大家太累，没有架帐篷。只是将帐篷平摊在一片流沙上，然后在上面铺上被褥。

到达营地 安营扎寨

天冷起来。前面我说过在乌鲁木齐的时候，我去一家门面很小的

军用品处理商店，买了一套棉衣，一件大衣，一双棉皮鞋，现在这些都被穿在了身上。

生火太麻烦，于是炊事员用汽车的喷灯在将一锅水往开的烧。水终于烧开了，每人泡了一包方便面，连吃带喝。饭量大的人再就上几块馕。

我泡了一包方便面，并且还就了几块馕。吃的途中，我下意识地将半块馕塞进我的背包里，藏起来，并且给保温杯里灌满了水。这样做有些贪婪。我突然想起杰克·伦敦有一篇小说，是说一个从荒原上侥幸逃脱出来的淘金人，来到一条船上，在吃饭的时候，趁人不注意，偷偷地将食物往自己口袋里塞的故事。那是一种下意识的动作，由不得人。

天真冷。我穿着棉衣棉袄钻进了被窝里。在被窝里，仰头望着天上的星星，我想起我早年写过的一首诗，那诗里有这么几句：昨天晚上，我夜观天象，看见北斗七星，正高悬在我们的头上。今天早晨，我凭栏仰望，看见吉祥云彩，正偏集西北方向。上路吧，朋友，现在正是远行的季节。

钻进被窝里的时间是凌晨三点。上面这一段，是在被窝里，本儿放在枕头上，用手电照着光写的。

手电是我在鲁克沁镇买的。为进罗布泊，我除了手电，除了棉衣棉皮鞋之外，还为自己准备了三条烟。在那里没有烟抽怎么办呢？又没有小卖部，而我又是个烟不离手的人。我还买了一斤青辣椒带着，一斤葡萄干带着。带辣椒是因为口味重，怕那里伙食不行。而带葡萄干的原因，是想如果真的没有吃的了，口里嚼着葡萄干，一天嚼十颗，可以坚持半个月。

后来发现，这些都是奢侈品。烟完全可以不抽，不抽不会死人。辣椒也可以不吃，不管是什么东西，只要能填饱肚皮，就应当满足了。而葡萄干，在后来地质队做抓饭时，我把它贡献给了大锅。

我趴在被窝里写东西的时候抽着烟。张作家在我的左侧，他从被窝里探出头来说，烟灰随便弹，手一伸就行了，罗布泊是个大烟灰缸。我笑了。在平时，我在他家抽烟的时候，他眼睛老瞅着我的手，生怕大不咧咧的我又将烟灰弹到他的地上。尽管他每次严加防范，我走后他的地板上还是一片狼藉。

应当带的东西也许是一盒擦脸油。面皮皲裂了，一脸的血口子，有一块面皮快掉了，我用手一摸它便掉了下来，豌豆大的一块。那掉下的地方血迹斑斑。

碱壳叠起的山峰，它正确的名字应当叫雅丹，但是叙述者现在还不知道。

一百米卤水层——点豆腐用的卤水，或者说杨白劳喝过的卤水。钾盐矿。淡水湖。以色列农业模式。女科学家王珥力。

第二天早晨起来，搭帐篷，架炉子，支电台，忙活了半天之后，一个叫罗布泊基地的家算建起来了。我们将要在这里待一些日子，什么时候导演认为拍摄得满意了，才能走。而地质队将要待更长的时间，他们中将有两位，如陈总所说，将在这里熬过冬天。

晚上看到的那张牙舞爪奇形怪状的东西，我以为它是山峰，早上一看，它原来是一堆涌起的碱壳，一层一层，像岩石一样，迎风的一面，沙子将它填成一个斜坡，背面一个二十米高的断岩。我们的帐篷，就支在这断岩底下。

张牙舞爪奇形怪状的碱壳

那确实是纯粹的碱壳。我掰了一块放在嘴里尝了尝，又苦又涩又咸，正如农家平日蒸馍用的土碱。我试图在这一层层的碱壳上，找些东西，比如当年罗布泊湖里鱼的化石，比如意外地发现一块珍珠，但是什么也没有，碱将一切都销解掉了。甚至有些地方明显地能看出当年曾经是岩石，但是现在只是些更硬的碱壳。

这是罗布泊最后消失的地方吗？我问陈总。

如果是那样，这些碱壳的形成会是在本世纪，或者如美国卫星所显示出来的时间计算，是在一九七二年以前。但是陈总说，这里是罗北凹地、罗布泊北缘，湖心当在更远的南面。

陈总说这些碱壳的形成，是在三万年前那个时候。它是一层一层地变浅，一圈一圈地缩小的。碱壳这一层一层千层饼似的断面告诉了我们这一点。

陈总说在地质学中，三万年实际上是一个很短的时间概念。人类有三百万年的历史，而光磨那几块疙瘩石头，就用了二百九十九万年。人猿相揖别，只几块石头磨过，在磨石头的霍霍声中，智人种产生了。

三万年的时间令罗布泊成为一个死海，一个被碱壳的浪头填满的干涸的海，但是那水在大部分被蒸发以后，余下的还存在，它们就在这地表一米以下的地方。因此说，这碱壳只是卤水水面上的漂浮物，准确地讲叫覆盖物。

揭开碱壳，三万平方公里，一百米厚的卤水层，是一个大而无当的钾盐矿。如果将这些钾盐矿开采出来，在中国的所有贫瘠的土地上洒一层钾肥，那么粮食将会大面积丰收。而中国的所有土地上满足地用一年罗布泊的钾肥，这卤水只会下降五毫米。

钾肥在世界上虽然供求大致平衡，但是钾肥在中国却是紧缺的东西。钾肥的主要产地在加拿大、以色列和美国。中国一九九七年进购钾肥的用款是四亿美元，而数次踏勘罗布泊寻找钾盐的王弭力教授说随着农业生产的需要，进量还在逐年增加。中国境内至今只在柴达木盆地找到一个钾盐矿，并且还小。

这就是这个死亡之海罗布泊，它突然成为一个焦点，一个热点，带给中国人一个大惊喜的意义。也就是新疆地质三大队为什么要冒着生命危险，从一九九二年开始，年年进入罗布泊的目的。

意义还不仅仅在此。据说，卤水以下，还有一个庞大的淡水湖，那淡水湖的蕴藏，相当于长江正常年间一年流量的总和。这样，有淡水，有钾肥，有沙子，有阳光，便可以生长庄稼了。这种技术已有先例，以色列就是这样做的。这叫以色列农业模式。如果这以色列模式能在中国成功，那么塔克拉玛干大沙漠，毛乌素沙漠，腾格里沙漠等等地面，全部可以建成万顷良田，这块亚细亚大陆腹地将在二十一世纪令

全世界目瞪口呆。而这件事将涉及每个中国人的生活，因为它除了带给我们巨大的物质财富外，国家肯定将向大西北大量地移民。

我祝福会有那么一天，那将是我们这个多灾多难的民族的一个节日。

我问陈总这钾盐矿是怎么发现的，陈总说，建国前，建国后，都有科学家找过，因为罗布泊的地质形成和美国的一个大钾盐矿很相似。即，一座内陆碱水湖逐渐干涸，那么在它最后干涸的地方，钾盐的浓度一定很大。

最后辨定这里有钾盐的是航天部的仪器扫描。卫星红外线仪显示，罗布泊地区出现强烈的钾异常反应。陈总说，钾盐具有强烈核辐射作用，所以能够测出。

四代科学家的努力，后来在一个叫王弭力的地矿部女科学家的主持下，找到钾盐。

地质三大队所做的工作，是在罗布泊不同地貌上，选定一些点钻出窟窿，从里面取出卤水样水，拿回去研究。这几年，他们已经在罗布泊钻了八个孔，这次，在他们之后将有一个专业钻井队从柴达木盆地赶来，协助他们钻孔。这次钻孔井深要达一百米，也就是说要把卤水层钻透。钻透之后，定期从钻孔中取水样，以便观察变化。这是共和国一座巨型钾肥矿建矿的前奏曲。

雅丹的描写。电台支起。炊烟扬起手臂。叙述者陷入他的白房子情结。雅丹下面的床。小学生生字本。

那座碱壳叠起的山峰，像一座头朝东南尾朝西北团地而卧的骆驼。它的头部是一座直立的山岩。头往后，矮一些，再后边，几个起伏，再最后骆驼屁股的那块地方，奇形怪状，是一连串小的山峰。

它同时又像一头狮子，团地而卧，仰天长啸。那一块一块的碱壳，像它的肌肉和毛皮。

当然它更像一艘搁浅在这死亡之海上的泰坦尼克号，波涛汹涌，浪浪相叠，它悲哀地停立在那里，苦苦挣扎而不能脱身。

支起了三座帐篷，一座做伙房，一座驻地质队的人，一座驻中央电视台的人。我和张作家与电视台的人住在一起。所有的人加起来，一共是二十七个。本来，这些帐篷是地质队专门为自己预备的，现在多增加了七八个人，大家只好拥一拥。

帐篷搭建完成，临时的家算是安顿好了

电台架起，两根铁竿立在碱壳上，横担一根天线，电台开始和大队所在地库尔勒联系，和正在从柴达木盆地往这里赶的格尔木钻井队联系。我是罗布泊！我是罗布泊！声音响起来了。

那座用做伙房的帐篷，上面有一节两米长的烟囱，露出屋顶。一股炊烟，从烟囱里缓缓地升起来了。那炊烟叫人感动。

唱浪漫曲的年代已经过去了，而今罗布泊以外的世界，正被铜臭填满。熙熙攘攘，皆为利来，攘攘熙熙，皆为钱往。那袅袅升起的炊烟，让我想起我从军的白房子年代，想起一首描写哨所的诗：我们用炊烟扬起手臂，一日三次，向北京问安——早安！午安！晚安！

那种久久失去的白房子感觉现在回到我身边了。自住下以后，我不再说话。我的脸上带着一种愁苦的上帝的弃儿的表情，一种无边无涯的忧伤笼罩着我。那感觉像宗教感情，像泰坦尼克号上那如梦、如幻、如诉、如泣、如吟哦、如咏叹的女当然，较之白房子，这里的环境更险恶一些。那里毕竟有水，院子里有一口甜水井，一个中世纪的吊竿吱吱哑哑地每日响起，而旁边还有一条额尔齐斯河。那里的草原上也有一星草绿，一些沙蛇、沙狐、土拨鼠、刺猬等等的生命。

那里偶然也有人类来打扰。比如，游牧的哈萨克赶着马群，飘飘忽忽地从远处过来，向站在瞭望台上的你扬起手臂，叫一声加克斯吗？比如，兵团那位腼腆的邮差小伙子，每半个月准时来一次，送来报纸和信件。

第7章

但是在罗布泊这里，庞大的荒原只我们这一拨人，没有任何生命来打扰我们。我们的方位现在在哪里，连我们自己都不知道。需要在住下以后，到旷野上寻找五十年代总参测绘队留下的坐标，然后才能根据坐标，计算出我们现在所在的经纬度，并将这些用电台报告给总部。

地质队将那碱壳叠起的山峰，叫雅丹地貌。为什么叫这个名字呢，据说雅丹是维语，是指那些沉积岩在地壳移动、风雨剥蚀后形成的残缺地貌。这名字在世界地质界已经通用。

我们居住下来，我们开始吃喝拉撒睡。我们把这里当做自己的家。地质队把这里当做临时的后方，每天早晨出发，前往罗布泊腹心工作，晚上再赶回来。这比如像一只狼，在荒原上筑了个巢，白天出外觅食，晚上回来歇息一样。

往年他们不是这样的。他们开着大卡车，在罗布泊地面上四处行走，测定一个点，驻扎下来搭起帐篷，打钻，钻好一个眼，拔营再走。罗布泊勘测的这几年的经验，令他们变得聪明起来了。

以上这些文字，是我趴在床上写的。

我找了一张床，将它背靠雅丹，面对罗布泊放着。床上放着我的

洗漱工具、烟、茶杯、碗、几颗辣椒。然后又找来一捆没有打开的帆布帐篷,充当椅子,这样我铺开本子,开始写作。

只是雅丹,还是遥远的遗迹

床是地质队员们的床。我们占了一个帐篷,把他们统统拥在了另一个帐篷里。帐篷里放不下床,于是他们统统地睡在了地上,而将床扔在了外边。

我的本子是一种薄薄的小学生生字本。这是在连木沁那个地方买的。这本子写起来舒服极了。我买了三本,每本十二页二十四面,我正反两面都写。现在第一本已经接近用完,我计划我的《穿越绝地》将把这三本写满。

我在本子的封面端端正正地写上《穿越绝地》字样。在学生栏里写上我的卑微的名字,在班级栏里写上学前班字样——因为面对罗布泊，我确实是无知的，而在学校这一栏里，我写上罗布泊学校字样。

坐在雅丹下面写作，罗布泊的阳光在无遮无拦地炙烧着。写作途中，我脱去棉衣，后来又脱去衫衣，最后再脱去长裤，脱去皮鞋。中午吃饭时，我的身上只剩一条三角裤衩了。

吃抓饭。老任师傅。陈明勇。我写书法。

一群粗心的大大咧咧的男人，在这简陋的只有一口大锅、一架炉子的条件下，他们永远的饮食是汤面条。从库尔勒带来的干面条，水烧开了，往里一下，煮出来一人一碗，碗上再盖些简单的蔬菜。

一次吃饭中，我谈起抓饭，这新疆的饮食。我说我当兵那一阵子，拉练的途中，老坎锅一架，水一放，大块的带骨羊肉往水里一扔，上面再盖上米，底下捡来些干柴一烧，一个小时以后，一锅香喷喷的米粒像发亮的珍珠一样的抓饭，就出来了。

也许是由于我这一句话，那天中午吃的是抓饭。二十一岁的小炊事员被拨拉到了一边，抓饭是司机老任掌勺做的。

他先煮烂了肉，又给肉里添了些胡萝卜、皮牙子（洋葱），然后将泡好的大米堆在上面，堆得像一座小山一样，像莫奈笔下的干草垛一样。

正恰我去打水。老任像一个艺术家一样，一边用小铲子拍打他的小山，一边眯起眼睛欣赏。再能有一点葡萄干，就好了！老任遗憾地说。正好，我的包里有一斤葡萄干。于是我跑去将葡萄干拿来，老任将葡萄干星星点点，镶嵌到小山上。

老任叫任旭生，四十一岁。老任是山东人。他说他是一九六〇年进疆的，父亲是盲流，一九六〇年时拖着三岁的他，从山东到乌鲁木齐，当时整好地质队招工，父亲就进了地质队做饭，老任自己，高中毕

业后插队，插完队后招工到地质队。他开始当钻工，他说他当时喜欢捣鼓车，帮司机擦车，修车，有时也开一开车，后来也就上车了。

我问老任这抓饭是跟父亲学的吗。老任说，跟父亲学了一点，插队时学了一点，而主要的学习，是在跑车时，跟饭馆的大师傅学的。

老任做的抓饭真好吃。我吃了三碗，而别人只吃一碗。吃完第一碗，我厚着脸皮又去伙房，让老任盛了第二碗。为了掩饰自己的馋相，我对老任说这抓饭真好吃！吃完第二碗，我肚子里还觉得有些不够，在帐篷里，我对摄制组的人说，我真想再吃一碗，只是不好意思去打了。摄制组的制片小许说，他去打，他抢过我的碗，又去打了一碗。这一碗我吃到最后，有些吃不下去了，但是在众目睽睽之下，我还是将它吃完了。

我后来肚子难受了三天，有两顿饭没有吃，还让小许到地质队要了三片胃舒平。

老任是个悟性极高的人。许多年来，我在中国的地面上行走，见过许多这样的有着极高天赋的人。由于环境的限制，他们不能有大的发展，这是一件叫人遗憾的事情。然而对一个稍纵即逝的生命过程，我们又何必对它要求更多呢?

在空旷的原野上，开着一辆已经行驶了四十多万公里的旧三菱越野，像牛仔骑一匹马一样，狂奔不已。中亚细亚的血红的落日凄凉地照耀着，车里传来泰坦尼克号那如泣如诉的音乐。能欣赏《泰坦尼克号》那无字的音乐，能欣赏李娜、德德玛、腾格尔的歌声的人，他的心灵是深刻的，富有的，细致的和充满人性的。

老任肚子里有一肚子故事，我总把老任想象成电影《廊桥遗梦》中那位男主角。男主角叫什么名字？我忘了，我只记得女主角叫弗朗西斯科里。男主角那世纪弃儿一样凄楚的笑容，以及作者借他的口说出的那些话，我一直不能忘记。

我们是昔日的牛仔，过时的品种，偶然闯入这个现代世界的最后的骑士。

我本来想在这一节中谈谈吃喝拉撒睡。但是由于吃抓饭引起个老任，于是谈了上面一节。既然谈到了人物，那么吃喝拉撒睡下一节谈，这一节我再谈一谈总工程师老陈吧。

老陈叫陈明勇，其实应该叫他小陈，因为稳重谨慎、精明强干的他今年才三十六岁。老陈江苏人，南京地质学校毕业，分配到新疆。他的家乡大约介于北方与南方之间，因此他身上兼有北方人的彪悍和南方人的细致。越鸟栖南枝，胡马倚北风，这是一句古诗。江苏人的他后来选择了新疆，于是他成为一个地道的新疆人，成为罗布泊之子。

人的命运有时候像一场儿戏。我见过一个被借调去管过一段学生分配的人。他说一架柜子上有许多的格子，上面每个格子写一个地名，他盲目地像儿戏一样拣起这份档案，投入这个格子，拣起那份，投入那个格子。在他的这一投手举足之间，一个人一生的命运就决定了。这个人透过他的薄薄的眼镜片看着我，忧郁地说：从那一刻我意识到了命运的不可知，意识到这个世界是由一种叫偶然的东西左右着的。

陈总是怎么来的，我不知道。自愿报名还是被分配。但是，有一点可以肯定，从他报考地质学校的那一刻起，他就把自己交给这个今日东海明日南山的职业了。

陈总有着丰富的地质知识，他的肚子简直就是一个地质博物馆。我的许多有关罗布泊的知识，都是从他那里讨来的。关于雅丹地貌，关于碱壳，关于康古儿海沟，等等。陈总将罗布泊死海里那一波一波的碱壳叫盐翘。“翘”这个字，准确极了，大约又是地质学上的一个名

词。有一天早晨，我一个人迎着刚刚跃出地平线的太阳，向罗布泊的深处走去。突然我发现这盐翘上，布满了许多小洞。这些洞有些是直的，像蛇洞，有些是弯的，像老鼠洞。陈总告诉我，这是溶洞。在春天的日子，地热往上涌，会有卤水从地底下渗出来，早晨的时候，在盐翘上形成一团一团的小水洼。天长日久，边渗边滴，便形成这溶洞了。

陈总没有过多地谈他的个人生活。只说他家在库尔勒，有一个孩子。他最为忧心忡忡的事情是国家逐年地给地质大队断奶，他说前年的经费是一百八十万，去年是一百四十万，今年只剩下了一百一十万。而明年，还不知道会是什么样子呢？不去找矿就意味他们失业，而找到矿以后，矿是国家的和地方的，没有他们的份。我说可以实行股份制，比如罗布泊这个大钾矿建成后，地质队应当占其中的一些股份，百分之十五，百分之二十，甚至可以自己引进外资，或者贷款，单独去干。陈总说将来的发展也许是这样的，但是现在得投资勘测经费，地质大队的几百号人得有人头费。

这天晚上，已经十二点了，到罗布泊勘测的两辆车还没有回来。陈总心急如焚，站在雅丹上面，用手电向远处一明一灭地发着信号，并且用望远镜瞧着。后来他终于松了一口气，他对我说，他看见灯光了，车两个小时以后回来。

我怀着敬意，在饭桌上铺开宣纸，为陈总写了一幅字。字是“大云出山，润及万物”八个字，这是我去年秋天，游太湖时，在太湖边的一块石头上看到的话。我在这个特殊的地方，将这字写给这个太湖边长大的罗布泊之子。

既然纸已铺开，我还为任师傅、张师傅、小石等等，都写了字，有的写“观鱼龙变化，识沧海桑田”，有的写“罗布泊之子”字样。这宣纸和墨汁是我在乌鲁木齐为新疆电视台曹书记写完字后，专意留下的。笔则是我从家里带出来的。我这两年,文章不见长进,书法却是越来越好了,在西安,时时冒充书法家,上街参加义卖活动。

我在罗布泊的地质队写字。那个穿红色地质工作服、戴眼镜者为罗布泊分队队长石文生。那个穿蓝背心、戴眼镜者是为我讲过黄风暴的地质队老工人陈师傅

后来当我已经入睡之后,汽车声将我惊醒。他们回来了。

地质队所有的人都是如此可爱。如果我有余暇,我将写一写他们每一个人。比如那个永远手握着一个小收音机、整日默默无语的小青年。比如正在我趴在这里写作时,呆呆地好奇地充满友爱地坐在我旁边的小炊事员。比如那个开大卡车的,被称为大癞的人。

种种的欲望的念头都被斩断了,人在这个环境中变得善良、友爱、高尚和高贵。我非常恶毒地想,将那些咋咋呼呼的人,花花哨哨的人,

小里小气的人，一肚子坏心眼的人，放逐到这罗布泊来，那么他们立即会改变的。欧罗巴在历史上将犯人放逐到澳大利亚，俄罗斯将犯人放逐到库页岛，是不是基于以上考虑呢？我不知道。

青海人。前往罗布泊腹心，看罗布泊第一井开钻。棉袄和短裤。盐翘。白龙堆雅丹。龙城雅丹。不知此身在何处，我有一种失重的感觉。井喷。

青海人是在我们住下以后的第五天，来到罗布泊的。他们从格尔木的查哈盐田，拔出钻机，昼夜往这里赶。地质三大队专门派了一个熟悉地形的王工，为他们带路。帐篷里那架小发报机，每天中午都定时和他们联系。我们知道有一拨人要来了，都满怀期待。这种期待心理，一是渴望见到人，渴望雅丹下面这地狱一般的寂寞会被打破；第二则是想到，即便我们死在这里，也希望多几个陪葬的人。这第二种想法当然不好，不过至少我是有这种想法的。

青海人在一天深夜到达罗布泊我们的营盘，第二天天不明又动身赶往他们的井位。关于他们到来的情况，打井的情况，我也许会在后面谈。现在则没有时间。

我现在写这些文字，是随电视台来到青海人的井位时，在他们的帐篷里写的。我趴在一张床上写。

今天前往罗布泊腹心地带钻井的地点。早晨八点三十八分从营盘出发。出发前，我不知道自己该穿什么衣服。因为罗布泊中午的温度高达五十多摄氏度，而晚上的温度会降到零点。糊里糊涂地，我上身穿了件棉袄，下身穿了件短裤，脚下蹬一双皮鞋。我对自己说，我的短裤是针对中午而言，我的棉袄则是针对晚上而言，你看我多全面，把方方面面都照顾到了。大家笑我不伦不类，我说，你们说我该怎么穿。说罢，我看陈总，陈总永远是那一件土红色的夹克衫，再看张作家，张作家比我走得更远，他下身仅仅穿了件三角游泳裤杈，两条瘦腿现在在寒风中嗖嗖打颤，那情景，仿佛要到罗布泊去游泳似的。彼此彼此，我们苦笑了一阵，上路。

罗布泊深处的盐翘更大，仿佛乡间公墓里那一个一个拥拥挤挤的坟堆。搭目望去，前后左右，无边无沿都是坟堆。我们的汽车就在这坟堆上跳舞。

雅丹的雅致和浪漫

典型的风蚀雅丹地貌。两处雅丹中间是一个可怕的风口走在盐翘上，磕磕绊绊，一步三摇。我感到我们的三菱越野像一条船在海上

颠簸，四周的盐翘就是浪头。天地一片灰白，像鳄鱼皮的颜色。大地上没有任何参照物，除了盐翘，唯一能找到一点不同景观的是远处偶尔出现的白色雅丹。

雅丹这个称谓很雅致和浪漫。而那或像一峰倒卧的骆驼，或像一溜白房子，或像海市蜃楼的东西，远远望去，确实给人一种惊异的感觉。

罗布泊的卤水湖

第8章

行走间，我发现这宛如坟墓一样的盐翘，仿佛是从地底下拱出来的。我问陈总，得到他的肯定。陈总说，一米之下就是卤水，遇热遇冷，遇潮遇干，盐碱就会往上拱，所以把地壳拱成了现在这种形状。

盐翘像刀刃一样，坚硬如铁。所幸的是有石油地质队的人用推土机略略推过，已削去刀刃，推出的一条简易路面，这样走起来才颠簸得轻一些。

石油地质队横穿罗布泊，开了这么一条路。他们在这条路上，每隔五十米放一炮，炮眼深八米。据说是通过爆破的震动声波来了解地质结构，寻找石油。

那些爆炸过的地方，碱水被喷到地面上，这样，就产生了一个一个白色的圆坑。

新疆地质三大队的队员们，早晨时早我们先离开营盘。我们路经的路上，看见远处有一个黑点。那里有人，会不会是彭加木！大家喊。只见陈总淡淡地说，有人也只能是我们的人，不会再有别人了。汽车走了一个小时后，走到黑点的跟前，果然这些小伙子们，是我们在营盘里见过的人。他们的任务是确定井位。三人一组。据说罗布泊还有这么几组。青海人正是依据他们确定的井位，开始打井的。

后来我们终于到达罗布泊第一井开钻的地方。

来自柴达木的青海格尔木综合地质勘查队，帐篷已经支起，打井的架子已经支起，正发动发电机，准备开钻。这是第一井，他们将要顺着那些确定好的井位，一个一个钻下去。

我问技术员小石，这里是什么位置。小石很为难，不知道如何回答我的话。后来他将手向东指了指，告诉我东方那隐约可见的白色雅丹，很有名，叫白龙堆雅丹，当年丝绸之路的年代，驼队商人们给取的名字。雅丹往正东一百多公里，大约会是敦煌，是阿尔金山。小石又往西边的地平线上一指，告诉我那一长溜像驼队似的雅丹，叫龙城雅丹。龙城雅丹正西一百多公里，也许会是米兰核试验基地。继而，小石又将手向南一指，指着那气浪升腾杳若空无的远处说，那边有个去处，是楼兰古城，距这里也是一百多公里。至于它的北面，就是我们的来路了。

这样，我大概地依照这些参照物，知道了我们现在在哪一块。不过我其实还是什么也不知道。只知道我在罗布泊古湖盆地区。

此刻，我正在这些塔里木人支起的帐篷里，趴在一个床上，垫着被子写这些东西。帐篷外钻机轰鸣。电视台在拍摄。陈总，还有许多人，围在那里，看钻机钻出来的岩样。突然钻机前传来一阵欢呼。原来一米多的盐翘已经钻透，到了卤水层了，现在发生了井喷。我也就按捺不住，撇下笔去看。在酷热下我的头有些发闷。我决定不写了。回到雅丹基地后再写吧。

略详一点地记录青海人的到来。打井。还是上一次记录的那个井喷。钻机坏了。邢主任。我们像一群呼天天不应、叫地地无声的孤儿。

青海人在这次新疆地质三大队的招标中中标以后，从正在施工的青海查哈盐田，调来两台钻机，卡车装了，星夜兼程往罗布泊赶。

他们顺二一五国道，从柴达木出发，绕道敦煌，过柳园、哈密、鄯善，从我们进入罗布泊的那个鲁克沁小道，顺着我们的车辙进入。地质三大队的王工，专在鲁克沁迎接他们并为他们带路。

他们到来的那个晚上，雅丹于是聚集了很多的人。他们那破旧的汽车，破旧的钻井设备，让人觉得地质队正如陈总所说，日子越来越不好过。

他们没有打搅早到的我们，而是依着我们的帐篷，将自己的帐篷铺开摊在地上，然后就头顶星星，睡了。烧开水也是用喷灯烧的，和我们到时那晚上的情形一样。水烧开后，一人泡了一包方便面，就睡了。第二天，天还没亮，他们就又动身向罗布泊深处走去了。我听见汽车响，走出帐篷门时，看到几辆大车几辆小车，正艰难地向罗布泊深处走去。

晚上他们在雅丹时，我曾对陈总说，请他们过来吃饭，或来喝一口水也行。陈总说他请过了，青海人不来，他们知道我们的口粮和淡水，也都是按人头、按天数计算的。陈总说完，又去请了一次，结果来了七八个年轻人，他们没有吃饭，只是一人喝了一杯水。

一种愁苦、恐慌的表情出现在这些年轻人脸上。看来，罗布泊险恶的环境，连这些长期在格尔木查哈盐田工作的人，也思想准备不足。

青海人的两台钻机，分别在罗布泊深处插有小红旗的两个井位上开钻。他们在井位的旁边支起帐篷，就吃住在那里。随着钻塔支起，钻机开动，荒原上出现了轰轰隆隆的声音。这轰轰隆隆的声音，当然是我的推测，因为井位距离我们居住的雅丹，还有相当远的一段路程。

我曾经在一个工位上，待了一天。电视台要拍摄钻井时的情景，

要拍摄钻机作为背景的罗布泊的日出和日落。

请青海人“吃饭”后一起合影

以前我曾谈到那盐翘的坚硬，说它坚硬如铁。我那时那样说主要是凭自己的感觉，凭鞋底被咯时的疼痛感和汽车轮子碾在盐壳上的反应程度。跟着钻机，我才真正领会了罗布泊古湖盆上覆盖的这一层盐翘的硬度。

吃钢咬铁、无坚不摧的钻头，在这碱壳上哼哼一阵、旋转一阵后，地上只出现一道白印。这里卤水的深度是一米二。仅这一米二，钻机就钻了整整一个上午。

钻到卤水以后，钻机就明显轻松下来。现在出现的是泥浆。这些泥浆到了地面以后，太阳一晒，很快就变成白色的了。

这些卤水就是将来的钾盐的矿源。据说，卤水中三分之一是氯化钠，三分之一是硫酸镁，三分之一是硫酸钾。

卤水层又下去一米之后,钻机的嗡嗡声又变得沉重起来。这时遇到的是一层结晶盐。钻头的每一次起落,都会带上一槽子结晶盐上来。

我拣到了一块盐结晶。它像岩石一样坚硬,通体透明,阳光下泛出淡淡的青色。我拣的这块有一张麻将牌大小。

这种盐结晶我在陕北的定边盐池里见过。他们把这叫盐根,认为盐就是从那上面生长出来的。

站在钻机旁边,等待着钻头不断地为你带来地下的消息,那一刻真美好。未知正在变成可知,就是老成持重的人,他们表情中也有一种期待的神情。所有围在井边的人都那么肃穆和庄严。尤其这是在罗布泊,在这名闻遐尔的死亡之海上。

罗布泊的典型地貌

结晶盐大约有半米厚。穿过盐层，钻头便进入了更大的卤水世界中。只听嘭的一声，井喷了，泥浆涌了出来。泥浆溅满了井旁围观的人。这些泥浆落在衣服上，脸上以后，立即变成白色的盐碱。

钻机在钻到五米深的时候，发电机坏了。

按说，地层这样松软，发电机是不该坏的。可是问题不是出在地层上，而是出现在那些已钻好的一米二厚的盐壳上。每次，钻头提升到这里的时候，都要被卡住，折腾上一阵子。这次，发电机一声怪叫，它里边的一个零件坏了。

与此同时，相距十公里的另一台钻机，也传来消息，那里的钻机也停了。停的原因是井喷抑制不住。他们已经打到了地下二十五米。

青海带来的土石粉，不能抑制井喷。不知道是土石粉的质量不行，还是两地的地质构造差别太大。

这样两台钻机便都停了下来，需要到乌鲁木齐去买发电机零件，买新疆产的土石粉。从这里到乌鲁木齐，星夜兼程，再加上不迷路，需要三天三夜，一个来回要六天，再加上办事一天，这支青海的钻井队，只好在这罗布荒原上，静静地待上一个礼拜了。

青海人的头姓邢，大家叫他邢主任，是一个面色黝黑，沉默寡言，相貌诚实的人。他是陕西三原县安乐村人，和我的老婆的老家陂西镇相距五里。这样我们认了老乡。

我问他是怎么到青海的。他说他父亲是一个老地质，老柴达木人，这样他们弟兄三个，也就子承父业，进了地质队。如今父亲已经离休，回到三原县城居住，他们兄弟仨，便永远地留在青海了。

青海人的营地，较之我们所居住的雅丹，更加艰苦更见凄凉，我们那里起码有一个雅丹，尽管它冰冷冰冷，但是给人一种家的概念，或说一个家的标志。而这地方，站在帐篷前，举目四望，东西南北都是一片灰蒙蒙的虚无。

青海人的帐篷，是圆顶的，像蒙古包，一溜四个帐篷，整齐地扎在那里。我们居住的帐篷，是长方形的，像哈萨克毡房错落有致，依雅丹的地形而支。

帐篷尽管选在较为平坦的地面上。但帐篷地面上的盐翘仍然有一尺多厚。让人走起来一不小心就会绊上一跤。我们居住的那地方，尽管有盐翘，但是低一些，况且被流沙掩埋了一部分，因此我们都是光着脚在地上行走。

这里的饭食，较我们要好一些。竟然有鸡蛋，有黄瓜，有西红柿，还有红烧肉罐头。不过智者千虑，必有一失，他们带来的一只羊，在路上坏了。羊肉发绿色。邢主任皱着眉头说，不敢吃，闹了病，在这里就只有等死了。

我们是在第二日的下午三点，离开这个井位的。三菱越野已经走远了，回首望着罗布泊深处那几座孤零零的白色帐篷，我想起邢主任那张愁苦的脸，心中涌出一种痛楚的酸楚的感觉。较之在雅丹下居住的我们来说，他们更苦，更孤苦伶仃。

叙述者对一个勘探点的记录。三角旗以及三角旗上的两首诗。木撅子，以及木橛子上的字。陈建忠在思乡。

在这个井位的旁边，五米远近的地方，是新疆地质三大队去年选定的井位。那浅井被用一块盐翘盖着，上面插着一面小红旗。揭开盐翘，可以看见底下深蓝色的、谜一样的卤水。

由于井已开钻，这面小小的三角旗也就失去了用途，于是我将三角旗连同木楔子以及先前得的那块盐结晶，一块打入我的行囊之中。

我决心将它们作为纪念品带回去，作为对我的罗布泊之行的永远的纪念。

那小小的三角红旗上，正面和反面都写满了字。红布由于碱的缘故，已经变得僵硬，变得字迹模糊，但我还是努力地辨认出了上面所有的字。

它的一面(应当是背面)写着一首诗，诗是用碳素笔写的，遒劲有力。诗全文如下：

唤醒了罗布泊的沉睡，驱走了罗布泊的恐惧，带来了死亡海的歌声，挟起了大盐漠的风雪。

是我们勇敢的地质队员，钻机高歌荒漠欢唱，是我们的勇士——地质队员重塑罗布泊的形象。

让生命歌唱，让万物在此复苏，再见了，明年再见，罗布泊！

诗是粗糙的，但它准确地表现了一个人在罗布泊的感觉。它似乎有空泛之嫌，尤其是和另一面的两句诗比起来。但是我们有理由原谅他，因为这是颂歌体，还因为对于一个涉世不深的大学生来说，能这样较为准确地表现自己的感情，就已经是难能可贵了。

诗感动了我。这种高贵的真诚的声音我已经在诗坛久久没有听到了。我想起了共和国年轻时候那灿烂的阳光和笑容，我想起李若冰先生的《柴达木手记》。久违了，遥远的时光，久违了，还生活在过去年代里的昨日骑士。

三角小旗的另一面。写着二——一二〇三井位字样，下面写着新疆地勘局第三地质大队地调所罗布泊五分队落款是一九九七年十二月五日至十二月十二日。

该写的东西到这里似乎就完了，但是书写者兴犹未尽，而这时三角旗锐角的那个地方恰好还有一点空间，他又写下了两句诗。

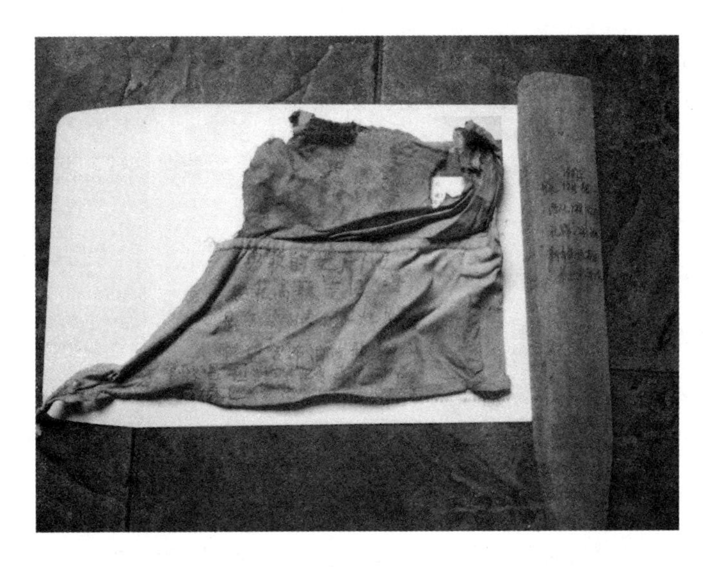

小小的三角旗正面背面写满了文字,木橛子上也有字

我在这两句诗面前点燃上一支烟,久久地伫立,体味着这位年轻写作者当时的感情。我这次经历的是九月的风,而十二月的风会是什么样子呢,我不知道。在这空旷的地方几百公里的杳无一人的地方,当风沙飞扬、天昏地暗的时候,这个孤独的可怜的、弱小的人,他强烈地怀念故乡、呼唤同类。

这两首诗,一个是高八度,一个是低八度。那么两首诗哪首更真实呢?我认为两首诗同样真实,同样美。它是那么真切地反映了一个人在完成一个工作点,走向另一个工作点,在书写三角旗时的两种互相矛盾的心情。

哦,我的罗布泊的兄弟,不知名的兄弟,让我爱你和你们,我想起当年我在白房子时候,写下的那些诗。那里面有一些盲目、空泛的感情,但是却是最最真诚的。正是那样一种感情,令我在险恶的白房子,专心致志地待了五年。人有时候是靠一种理想主义支撑自己和欺骗

自己的。记得当我回到内地、回到久违了的故乡时，面对陌生的繁华世界，我落泪了。因为世界并不买你的账。它们嘲笑你的理想主义。

那个木橛子上也有字。也许木橛子才是主要的，而三角旗只是木镢子的一个标志而已。木橛子上写道：

开孔：一九九七年十二月六日

终孔：一九九七年十二月十二日

孔深：二十三点三六米

新疆地质局第三地质大队回到雅丹以后，我问地质队所有的人，问这诗是谁写的。

他们告诉我，每一个井位的小红旗上，都有诗。好多人都写过。至于我拿的这面小旗上的诗，他们看了看后说，是队里的小秀才，一个叫陈建忠的助理工程师写的。

我问陈建忠是谁，这次来了没有。他们说陈建忠来了，但来了以后，就带了顶帐篷，领着两个人，出外选井位去了。他们告诉我，陈建忠是长春矿院一九九五年毕业生，个子不高，瘦瘦的，戴个眼镜，穿一身红色野外工作服。

这样我便知道他是谁了。他就是我前面谈到的那个永远沉默寡言，走到哪里都手握一个小收音机的瘦弱青年。我真粗心，雅丹这地方少了三个人，我竟不知道。

我临离开罗布泊时，也没有再见到他。我渴望与他交谈，渴望走入他的内心。我还想告诉他，应当将他的文学才能继续发展下去，将他们的生活记录下来，将诗歌不光写在三角小旗上，也写在稿纸上。但是很遗憾，我没有再见到他。我只能在写作之余，茫然地看着深不可测的罗布泊深处，知道在那里有一个人正在思乡。

第9章

叙述者记录自己在罗布泊所经历的那一场大风。一百年前到过这里的一个瑞典人把罗布泊的风叫做魔鬼的乐曲。

从罗布泊腹地归来，我的全身像散了架一样。帐篷拐弯的地方，有一股小风。风从雅丹的向阳（东南）一面吹来，很凉爽。我帐篷也没有回，就把棉袄往盐翘上一铺，睡在了这拐角处。

小风吹来，像无数条柔若无骨的手指从身上抚摸而过。这时再点上一支烟，真是惬意极了。像海员从海上归来一样，像印象派画家那著名的《小憩的割草人》一样，全身摊在那里。那舒服劲，即使麦当娜与你同眠也不过如此吧，当时我幸福地这样想。

但是这种幸福没有多久。雅丹上空，开始轰轰隆隆起来。风向突然改变，变成西北风。风越来越大了，风从雅丹的那个豁口，呜呜地吹着，越吹越劲。

我回到帐篷里。被子上落满了沙子。风开始张得帐篷一鼓一鼓，像打雷一样。帐篷的铁质的支架，吱吱哑哑。这一夜，风吹了一夜，那打雷声，那吱哑声，响了一夜。

清晨起来，风小了一些。原野上空荡荡的，天空灰蒙蒙的。只有

那只雅丹的乌鸦，在帐篷外边，跷着脚舞蹈。风吹得乌鸦东倒西歪的，一走三趔趄，那情形确实像醉汉在舞蹈。

晌午之后，风又大了。陈总说，每年这时候，要刮一场风，风就这么大，不会再大了。电台与库尔勒联系，那边说正下雪，这是九月二十九日，进罗布泊第十天的事。

虎背熊腰的大卡车司机大癞说，乌鲁木齐一下雨雪，这里就刮大风；好比北疆一感冒，这里就打摆子。

王工住的那顶两人小帐篷，夜里被风刮得飞上了天。两张折叠床，也被吹得人仰马翻，倒在那里。

风继续刮着，到了第二天夜里，风更大。雅丹那个豁口的沙子，像河流一样流着，石子从雅丹的顶上，像被投石器投掷着，劈劈啪啪地往下落。

我们八个人住在一个帐篷里，折叠床挨着折叠床，床和床之间的过道只有十公分。我被尊重地安顿在最朝里边的位置上。

没想到我这地方正好迎着风。风把帐篷布鼓起来，啪啪地打在我脸上，像有人在扇耳光。我伸出拳去，去顶帐篷布，但是拳头被帐篷布一鼓一鼓，顶了回来。

整个帐篷风雨飘摇。我感到我们好像坐在传说中的波斯飞毯上一样，在天上飘。又觉得我们八个人像钻进风箱的八只老鼠一样，四处受气，无处躲藏。

风在咆哮了两个夜晚一个白天之后，在那个凄凉的黎明终于缓慢地停了下来。它在停之前还滴了几星雨。我睡在行军床上，一定听到了那雨点劈劈啪啪打在帐篷上的声音。但是我不知道这是雨，因为劈劈啪啪的声音一直有着，那是沙粒、沙砾和雅丹的碱块在拍击帐篷，只是当我来到帐篷外面，看到我们的扑满尘垢的汽车上面斑斑点点，才知道黎明时曾经下过雨。

被一百年前那个到过罗布泊的瑞典探险家斯文·赫定称为魔鬼的乐曲的罗布泊风暴，终于停息。帐篷里的人像听到大赦令一样，走出帐篷。

肆虐过的天空和大地，现在都显得疲惫和虚弱，仿佛经了一场大病。雅丹在这场大风中，那刀割般的崖面似乎皱折更深更冷峻了一些，并且有几块羊只那样大的黏土碱壳，滚落下来，落在我们的帐篷跟前。

那些曾经因我们的到来而出现的花翅膀的苍蝇，花肚皮的蜜蜂以及一只鲜艳的蝴蝶，两个小鸟，这时也已不知去向。荒原上空荡荡的，只有那只忠诚的乌鸦，它又飞了回来，在我们的帐篷前独步。

叙述者坐在雅丹下面从容叙事，追述遗漏了的东西。

他担心由于他的笔的粗疏，而不能使读者有身临其境之感。

他文中屡屡提到的那些一百年前到过罗布泊的外国先行者，有必要指出的是，这些人在作为探险家的同时，并不排除他们身上有军事间谍和文化间谍的因素。

既然上面谈到了许多生物，那么我想瞅这个空儿介绍一下我们遇到的生物。

在迪坎儿告别那最后一缕炊烟、最后一片绿洲之后，康古儿海沟那几百公里的不毛之地，我们没有见到一星草，一个有生命的东西。

首先是一块洪积河谷。河谷里有鸡蛋大小、绿豆大小、米粒大小的青色的沙子。河谷宽约五公里。阳光折射，河谷的东南方似乎有水气升腾，湖泊隐现。但这是阳光折射造成的假象。

上了河谷右岸，汽车便在觉罗塔格山中拣些豁口绕行。

山不高，山被风蚀得十分厉害，更像一些大一些的丘陵。出了觉罗塔格山脉，进人荒漠。汽车缓慢地爬坡。最后，到达库鲁克山的山顶。这块荒漠十九世纪的俄帝国军用地图上称为×××盐碱荒漠，中国地质队称罗南戈壁。

斯文·赫定似乎没有从这里进入过。因为正如他所说，这一块从鲁克沁通往罗布泊的道路太令人恐惧。他称这为鲁克沁小道。

从这条路进入罗布泊的有两人。这两个人一前一后，都穿越绝地是俄国人。前者叫科兹洛夫，后者叫米哈依尔·叶菲莫奇。他们是探险家，同时也是为前面提到的那俄帝国军事地图提供资料的人。那已经是一百年以前的事。一百年后的这一条道路，更荒凉更干旱，因而也更令人恐惧。传说中的最后的罗布泊人已经去向不明，传说中的罗布泊六十处甜水泉也已泯灭得不为人知。

但是他们仅仅到了库鲁克山的山顶，或者再往前走一点，翻过一段沙漠戈壁，见过几处雅丹地貌。他们的足迹甚至没有涉足到罗布泊北沿的龟背山，自然也没有看到罗布泊最初死亡的地方，即我们眼下搭起帐篷的地方。

库鲁克塔格山并不高。也许它曾经是高的，只是被风蚀得如今成袖珍的形状了。我们是从规口进入该山的，并且如前叙述，在杨老板的修在路边的驿站式的客栈里，住了一宿，并且与一位四川妹相遇。但是在我们的感觉中，它似乎并不像一个山脊。

这里有金矿——许多金矿。最大的一个金矿年产黄金一九九八年有望达到七百五十公斤。七百五十公斤黄金是个什么概念呢？那概念是，它占整个鄯善县年国民生产总值的一半以上。金矿之外，并且有铁矿和花岗岩矿。那些黑色的风蚀过的山头，几乎是纯质的铁。

有着红色花纹的花岗岩矿，库鲁克塔格山以南几乎满地都是，刨开黄沙，就是上等的矿了。这种花岗岩被称为鄯善红，目前正大量开采，行销世界。

在杨老板的客栈里，我们见到的那只苍蝇，是我们旅程中见到的人之外的第一个生物。大家知道这只苍蝇连同我们带来的那只，结为夫妇，成为这干山山脊上的新的迁移者。

按照斯文·赫定一百年前的说法。罗布泊这地方蚂蚁极多，新疆虎之所以减少以至于最后灭绝，就是因为被蚂蚁骚扰的缘故。但是我们竟没有见到一只蚂蚁。一种解释是，这地方的蚂蚁在一百年间灭绝了，另一种解释是，斯文·赫定进入的是孔雀河人口处的罗南洼地，而此处是罗布泊古湖盆地区，即罗北洼地。那里毕竟有三条河流（塔里木河、孔雀河、叶尔羌河）注入，水质淡些，而这里是亘古盐泽。

下面继续追述来时路上的所见。离开红柳碱滩以后，车向便由正南转向东南。

我们开始穿行在一连串应接不暇的矮山之间，可以设想，这些山——东天山的伸延部分，在许多个世纪之前曾经是高大的和雄伟的，甚至像博格塔峰一样是仪态万方的。但是现在它们只成了一座座高约百米的袖珍的山。

这些山的色彩和形状奇异极了，美丽极了。

它们有的通体洁白晶莹，富有光泽，充满质感，像女人的高挺的乳尖朝天的乳房。那是石膏品质的山。有的山，是赭红色的，像女人用的那种唇膏笔一样，直直地，优雅地竖起。有的山，像斑马的形状，一道白色一道黑色，黑白交替，一圈圈盘旋而上。

最多的山是那些铁质的山。岁月剥蚀，它们只留下来一个骨架了。山通常铁钩银划，摆布上儿里长，像这些年出现过的那种铁画山

水一样。

古塔遗迹

最不美的山属那些有金矿的山了。金矿石是灰白色的，颜色也不鲜艳，山头也不奇怪，平俗得可怜。但是据说这种品质的山石中含金量相当高，一吨矿石可以出七克金子。

接近罗布泊古湖盆的时候，最后的那一座山有名字。山叫龟背山。有理由相信这名字是当代人起的。当测绘飞机从空中掠过时，看见这座山像一只万年老龟一样，头伸向罗布泊古湖盆，尾甩向吐鲁番盆地，它扁平的龟背在阳光下发出铁青色的光芒，于是在地图上标出龟背山三字。

绕过龟背山，沿着罗布泊和戈壁滩形成的那个个界线异常明显的相交处，再前行几十公里，便进入我们的雅丹。

在生命禁区说那些可敬的生命。一只花翅膀苍蝇。一只蝴蝶。两只友善的小鸟。神秘的飞虫方阵。幽灵般的一只乌鸦。

我本来只想记录一下我们遇到的生物。但是一旦扯开，便连同这大环境一起扯出。我发觉我在重新记录进入罗布泊时的途中地貌。在狼狈的旅途中，我的记述过于简单，而此刻趴在雅丹下的一张行军床上，情绪有些稳定了，运笔也就有些从容了，因此我能完成上面详细的记录。但是此刻，我还是谈生物吧！

嘤其鸣也，求其友声！在这死亡之海上，在这死寂的罗布荒原上，作为人类，它多么希望遇见人类之外的生命，这样它的心灵便会有一丝慰藉——这正是我当时的心情。

我们到达雅丹的那个凌晨，驻扎下不久，当火光升起时，立即有了嗡嗡声。最先出现的是一只花翅膀的苍蝇。它个头像蜜蜂一样大小，通体是灰色的，翅膀上有米黄色的斑点。它很轻盈地飞过来，落在了张作家的手背上，张作家伸出手，捉住了它的翅膀。

这苍蝇，连同以后我们所见到的所有生物，都显得笨头笨脑，毫无防范。它们的智商，较之内地的苍蝇，显然要低许多。

张作家捧住这只苍蝇，称它是可爱的苍蝇，伟大的苍蝇。它一展手，苍蝇便飞走了。在这里，每一个生命都值得向它膜拜！张作家说。

苍蝇后来慢慢地多起来。除了花翅膀的苍蝇外，间或，还有我们通常见到的那种丑恶的、硕大的黑苍蝇。陈总认为，那花翅膀的苍蝇是罗布泊的土著，而那黑苍蝇是我们的物资车裹胁来的。

出现过一只漂亮的蝴蝶。那蝴蝶与我们通常见到的蝴蝶一样。前头一对触须，两只花翅膀像桅杆挑起的两片帆。在灰蒙蒙的雅丹的

上空，它像一朵会走动的花朵一样飘飘忽忽地飞来。在我们的头顶盘旋了一天，第二天便不知所终。

如果那黑苍蝇尚可存疑的话，那么这蝴蝶肯定是我们带来的。它那么新鲜，颜色那么鲜艳，丝毫没有沧桑的痕迹。我们带来的肯定是一只青虫，这青虫附在一棵白菜上，或者红辣椒上。青虫在罗布泊苏醒了，蛾变而仙。

此外，我们还见到了两只小鸟。最先来的是一只，它像麻雀般大小，但比麻雀模样要凶狠一些。它很可能是民间说的那种鹊鹞子。这只小鸟落在了我的肩头，充满友善。我伸出手，毫不费力地将它抓住了。

它的肚子里空空的，没有一滴水和一口食物。大家把水端在了它的面前，把米饭粒放在它的面前，但是它很高傲地转过头去，不屑一顾。

我们放了它，它鸣叫着从雅丹顶向苍茫的远方飞去。后来在我们驻扎期间，又来了两只鸟。是前面那只鸟又呼唤来它的一个同类呢？还是另外的两只？我们不得而知。

应当特别记述一笔的是，在大风前的那一天晚上，出现过许多的绿色飞虫。它们通体是绿色的，长着一对透明的白翅膀，智商较蚊子要低一些，个头比蚊子稍大，不咬人。

它们密密麻麻地往有亮光的地方飞。这样我们的帐篷里布满了这种飞虫。用作伙房的那顶小帐篷里，气温高一些，那里飞虫更多。伙夫用一个大盆，盆子盛上水，到了熄灯的时候，竟接下了半盆这类飞虫。

这种飞虫虽然不咬人，但是当它落在你的被子上，钻进你的鼻孔或耳朵时，总是一件叫人不愉快的事。我住的这顶帐篷里同样满是飞虫。飞虫落在被子上，被子成了白色。飞虫罩住帐篷顶悬挂的那只小电灯泡，电灯昏暗无光。后来，当小发电机停了，帐篷里变成一团漆黑之后，我将我的手电筒支在了帐篷外面，把飞虫往外引，这样我们看见飞虫结队向帐篷外的灯光飞去。

飞虫只出现过这一天。刮大风以后，飞虫便一只也不见了。肯定是死了吧。《红与黑》中说，蜉蝣朝生而暮死，故不知黑夜为何物。我们遇见的飞虫说不定正是这蜉蝣式的生物。它的生命只一个白昼。

陈总说，距我们住的雅丹几十公里以外，当年曾有一片长着芦苇的沼泽。这些飞虫大约是从那里来的。看见地质队的灯光，飞虫便乘着一股风飞来了。尔后便又在那场大风中，一个不剩地被刮进罗布泊，死去了。

张作家曾将两只飞虫放在嘴里尝过。他说那味又咸又苦，像盐碱的味道。

不是他杀牲，是这些飞虫主动飞入他的嘴里的。

除此之外，我们还见到过的一个生物，就是那个像幽灵一样呱呱叫着，忠诚地陪伴我们的乌鸦了。

第10章

关于雅丹的一节。雅丹形成原因的说法。对营盘驻地雅丹的观察。可望而不可即的白龙堆雅丹。像一座中世纪城堡的龙城雅丹。清晰的湖岸线。

雅丹是一个专有地貌名词。维语。

按照斯文·赫定的说法,雅丹是这样形成的。这块盐碱或黏土地面上,最初曾有一片胡杨林或红柳丛。千万年来的地质变化,风沙将别处的地壳都剥蚀掉了,地表下沉的深度是几米到几十米不等。但是这一处由于被保护着,地表没有下降,所以就高出地面许多了。而经过千万年的风雨侵蚀,沧海桑田,这凸起的雅丹便变成现在这奇形怪状的形状。

我们扎下营盘的这一处雅丹,是这样形成的吗?也许是,也许不是!

我曾经像一个真正的考古工作者一样,绕着这雅丹转过几百个来回,并且登上它的脊顶。转的目的有时候是去雅丹顶照相,有时候是去拉屎,有时候是手握望远镜瞭望罗布泊深处,有时候则是像一个印度高僧一样,在那高高的狮头上打坐。

这上面在十万年前曾有过一片胡杨林或红柳墩吗？我不敢相信。它上面光秃秃的，只有岩石、黏土、沙粒、碱壳。

而所有的岩石、黏土、沙粒都被碱化了。岩石变得发脆易碎，黏土则变得坚硬如铁。沙粒是有的，在一层一层的堆积物中，我看到有一层是米粒状的沙粒，但这沙粒被碱化得牢固地附着在一起，就像被用水泥浇灌过一样。

它们是一层一层的，都成了灰蒙蒙的碱化物质。其中有一层，雪白，完全像玻璃，厚度约一米。砸开它，揭下来一些层状的物质，也像我们窗户上安的玻璃，且是透明的。与玻璃不同的，是它软一些，用手一掰，可以折回来——这据说是水晶岩。它在阳光下闪闪烁烁。

我曾经站在罗布泊的深处，向我们居住的雅丹望去。从那个方面看，它像金庸小说里写的那个龙门客栈。有笔直的白色墙壁，有屋顶，有门楼。仿佛是横亘在罗布泊与大陆板块交界处的一座海市蜃楼。

它们为什么从远处看是白色的，雪白雪白。我猜想这与它们的表面蒙上一层白色盐碱有关，与太阳的照射有关，与四周灰蒙蒙的参照物有关。

罗布泊湖盆与大陆板块的结合部，布满这样的雅丹。

而在罗布泊湖心，也有这样的雅丹。著名的丝绸之路年代曾记载过的白龙堆雅丹，它就位于湖中。它在最初曾经是湖中的一个岛吧？我这样推测。

我没有能到白龙堆雅丹上去。在地质队开钻的那个二——一二〇三号井边，技术员小石曾经向东方一指，告诉我正东那一片海市蜃楼式的建筑，是白龙堆雅丹。后来，我们试图走近它，但是没有办到。

盐翘像一座座小型的金字塔一样。三菱越野，在塔尖跳跃。每小时的行进速度是五公里。天快要黑的时候，我们距白龙堆还有八公里

路程。这样得两个小时,而回到原来的地方又得两个小时。于是我们只好放弃了,只站在盐翅上,以白龙堆雅丹为背景,照了几张照片。

盐翘上生长的怪柳

白龙堆远看像一个平和的哈萨克村落。一溜的平房,白色的墙壁,错落有致地排列。那平房有点像我见过的哈萨克们定居时居住的一明两暗的毡房。当然它什么都不是,它只是一个冰冷的岩石、黏土、碱壳的堆积物,一段岁月。

摄制组的小川、小王、小张到过白龙堆雅丹。那里有地质队的一个野外小组(陈建功小组),他们是去拍摄和送饭。他们拍摄下了关于白龙堆雅丹的一组珍贵的图片。

而龙城雅丹我们甚至连去它那里的念头都没有,因为它距离我们沿罗布泊湖心推出的所谓道路更为遥远。

我们望龙城雅丹时太阳正在落山。西地平线上龙城雅丹那奇形怪状的形状衬托着一轮正在西沉的红日。

它摆了大约有几十里长。以前我说过它像一支拖了很长距离的驼队，这是我从二———二〇三号井位上看的。而从别一个位置看去它则像一座森严的中世纪城堡。城的垛墙，高高低低的楼房，卧在城门口的两只巨型狮子等等，等等。它占地的规模简直像现在中亚地区的一个县级市。

更多的雅丹型地貌，是分布在海岸线上。

罗布泊和戈壁滩形成的这条海岸线，很清晰。从我们的雅丹往东看，可以看见一条清晰的海岸线，像一个大括弧一样，向东南方向圈去。向西看，这个大括弧圈向西北。大括弧圈定的是死亡了的罗布泊海。

卤水与雅丹

叙述者在罗布泊谈水。罗布泊死亡的原因。大西北的干旱。定西地区。

罗布泊是北方干旱的一个极致表现。罗布泊的今日会是地球的明日吗?

在秦汉时期的书中,在《史记》中,曾经多次闪烁其词地谈到过罗布泊。它们曾经称它盐泽,称它蒲昌海。那些描述给人们留下的印象是在中国的北方,戈壁荒漠的深处,有一个浩瀚无边的大海。像人们的印象中中国的东方也有大海一样。

罗布泊最初的水面是三万平方公里。那是十万年以前的事。沧海桑田,鱼龙变化,到汉朝,到这里有了一个楼兰国,到霍去病黄沙百战穿金甲,不破楼兰终不还的年代,这海水自然已经小了许多。但它相对来说,仍然十分巨大。

位于湖心的楼兰古国是建立在陆地上的。那时它所在的那一块湖区已经干涸。但是湖离城池不会太远,它是挖了两条小的运河,通往罗布泊的。那河仿佛古代城池中的护城河。

二十世纪伊始,当八国联军进入北京,慈禧西逃西安的那个时期,瑞典人斯文·赫定在罗布泊探险期间,一个向导在迷路时误人了一座古城的废墟。闪烁在中国历史上的楼兰古城自此发现。一九三四年,斯文·赫定决心重访楼兰。他驾一叶独木舟,顺库姆河东南而下。独木舟曾经抵达楼兰古城十六公里的地方,水源才到了头。剩下的路程行在罗布泊古湖盆腹地带他们是步行的,沿着那条干涸的运河。运河的遗迹清晰可见。

这座北方盐泽消失的最后时间是在一九七二年。一九七二年,尼克松总统访华。作为礼物尼克松送了一套美国卫星在空中拍摄的中国地貌图片。图片令中国人大吃一惊，因为罗布泊已经完全干涸。

它干涸的时间应当在一九三四年到一九七二年之间。但是为了慎重起见，我们将它干涸的时间定为一九七二年。大自然用了十万年的时间完成了一次沧海桑田。

罗布泊最初的死亡，正是从我脚下这一块雅丹开始的。我站在海岸线上，面对波涛起伏的死亡之海，让电视台的摄影师，为我拍一张照片，那照片就叫《罗布泊最初死亡的地方》。一些天后，我计划绕道库尔勒，从那里去看罗布泊最后死亡的地方，并且拍一张相应的照片。

它还会再生吗？还会重新波涛拍岸横亘在这中亚细亚腹心地带吗？还会出现海鸥成群的在水面上飞翔，渔帆片片、绿色植被茂盛地生长于四周的景象吗？不会了，那已经成为历史凝固。

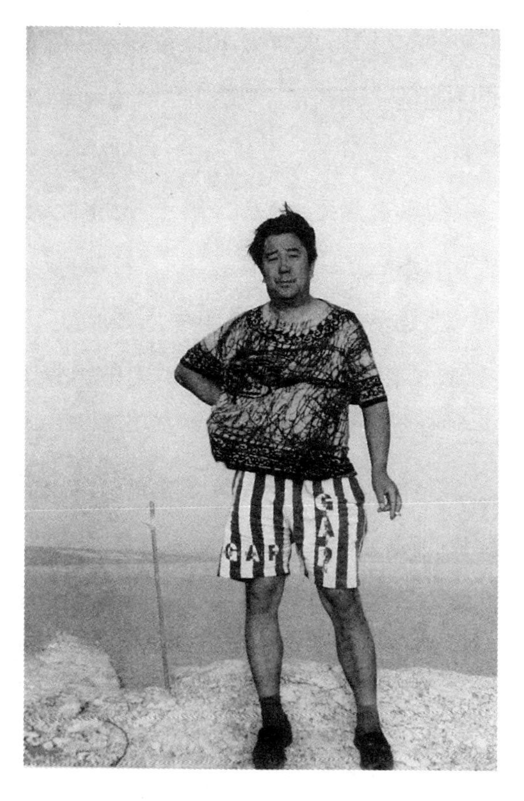

罗布泊最初的死亡，正是从我脚下这块雅丹开始的

北方的干旱情况令我们惊骇。这半年来，作为《中国大西北》纪录片的总撰稿之一，我的足迹踏遍了陕甘宁青新五省，我所见的基本上是干渴的土地和干涸了的河流。

只有为数不多的几条河流还在流淌着。它们是黄河、湟河、渭河、洛河、额尔齐

第10章

斯河，另外还有几条小河流。当然这些河流较之世纪之初已经消瘦了许多。

在甘肃地面，那些干涸的河床随时可见。它们在雨季大约会有一些水的，但雨季一过，便成一片沙砾。兰州晚报的一个资深女记者告诉我，她曾目睹过一九九五年定西地区干旱时的情景。她说从兰州去的为人畜送水的汽车路经黄土高原时，乌鸦像云彩一样飘浮在车的上面。它们的尖嘴能偶尔尝上一口水箱溅出的水。它们那凄惨的叫声惨不忍听。

当我们从黄土高原的顶部或从干涸的河谷穿过时，偶尔会见到那些匆匆的行人，放学归来身着鲜艳服装的孩子。生命在这种地方出生本身就是一种苦难。我们不知道他们是怎样代代相续一直延捱到今天的。

但与甘肃定西相比，最干旱的地方还数宁夏西海固。（不毛之地罗布泊当然是个例外）。

那是一片介于高原与平川之间的破碎台地。昏黄的土地，懒洋洋的面无表情的人们，构成这地方的风景。张承志的《心灵史》曾经写到过这地方。

当清廷将领左宗棠，在镇压了同治年间的回民起义后，面对三万战俘，他要给他们寻找一个去处。他在给清廷的奏章中称这个假想中的去处需要三个条件，第一是地域相对偏僻，第二是干旱少雨，第三是无险可倚。最后他发现了天底下有个去处叫西海固（西吉、海原、固原）北方正在缺水，这块中亚大陆腹地正在缺水。诗人们称北方为悲哀的北方，这悲哀的原因其实是因为缺水。只要有水，气候马上便会好转，花会又大又艳地开起来，红柳会在一夜间，萌发绿枝，而死去的胡杨会重新复活。

死亡的罗布泊是北方干旱，并且日甚一日的一个标本，一个象征，一个极致的表现。

与北方的干旱同步，世界也在日甚一日干旱。有消息说，五十年来，地球上的淡水资源减少了百分之五十。

也许有一天，地球会完全干涸，变成像月球表面一样，或者说像我目下脚踩的这罗布泊一样。

前一个月，长江正在发水。滔滔洪水成为祸患。如果这一江淡水，注入罗布泊，那么罗布泊也许会重新苏醒的。站在罗布泊的盐翘上，迎着干燥的漠风，我作如是之想。

再说钾盐矿。太阳落山的地方有金子。

那么，罗布泊的水都到哪里去了呢？

其中一大半化作水蒸气飞上了天空。在天空成为云霓，成为彩霞，成为露滴，成为雨雪。不过它们不会再光临罗布泊了。这块中亚细亚大陆腹地的年降雨量是几乎等于零。

余下的一小部分水随之潜入了地下，它们在一米多深的碱壳之下形成一片潜伏的海洋。海水深一百米，面积仍然是它当年的三万平方公里。

面对尼克松送来的地图，惊诧之余，聪明的中国科学家意识到，一个大的钾盐矿也许正藏匿在这死亡之海下面。他们的理论依据是这样的。

海水在被蒸发掉以后，盐碱并没有被蒸发，这些残留的海水便日甚一日地变浓。而注入罗布泊的那些河流，又不断地将盐碱带到这里。这样，在死亡之海的下面，在罗布泊最后消失的地方，一定有一个大得惊人的钾盐矿存在。

推理很快得到了证实。中国人自己拍摄的卫星照片显示，在罗布

泊最后干涸的地方，出现强烈的钾异常感应。这样，新疆地质三大队冒着死亡的危险，开进罗布泊。这是一九九二年的事。

中央电视台为庆祝建国五十周年，要拍一个四百分钟的大型纪录片，名字叫《中国大西北》。按照我的设计，里面有一集的名称叫《西部有金子》。西部有金子这句话，是从美国现代戏剧之父尤金·奥尼尔那里来的。尤金·奥尼尔在《榆树下的欲望》中，借助剧中人之口，指着西方天空下闪烁的那一片金黄说：瞧，太阳落山的那个地方有金子！遍地都是金子，正等待着人们去拣。

罗布泊的钾盐矿成为这一集的一个重点。这就是摄制组跟随地质三大队进罗布泊的原因。

同行的作家张敏

我们是进入罗布泊古湖盆的第一百个人次。这是地质三大队总工老陈的推算。他掰着指头，从科兹洛夫、斯文·赫定算起，算到进入罗布泊的王弭力教授，算到在罗布泊失踪的彭加木，在罗布泊死去的余纯顺，再加上他们的地质三大队罗布泊分队和水文地质队、石油地质队。陈总说共有一百人次了吧。进罗布泊的作家，有我和老张，还有前一年进去的沈阳军区创作组的庞天舒。

时至今日，进罗布泊可以说已经基本上没有死亡危险了。虽然那险恶的环境令人惊慌。在这里，只要你不离开人群单独外出，只要你不生一场急病，就不要紧。而汽车用油和生活用水，只要这两样东西有一样能够保障，你也就不用担心。有淡水，人就不会死。即便没有淡水了，只要有汽油，汽车可以载着你，日夜兼程，在你没有死亡之前，逃离这死亡之海。

截至我们来时，这些年间，地质三大队已经在罗布泊确定了八个井位。这些井深都在二十米左右。井打好后，隔一段时间，从井里取出卤水，察看一年四季水样的变化。

这些井位是为即将到来的深钻探准备的。深钻探在我们来的第五天之后开始。来的是从青海柴达木过来的一支钻井队，名字叫青海格尔木综合地质勘察大队。它们将从这选好的井位旁边，开始钻探，这次钻探井深要达到一百米以上，即穿透卤水层。

这些井位的选择，是根据罗布泊现已掌握的不同地质情况而选择的。不过它们大都在拖拉机推出的通道的旁边。

这些深井打好以后，新疆地质三大队将不再撤离罗布泊了。他们计划留下两个人来，蹲在我居住的雅丹，然后定期去深井里取出水样。

这是一项大型钾盐矿前期必须进行的勘察工作。这一切结束之后，将开始动工，三万平方公里的罗布泊将成为一个取之不尽用不之竭的特大型钾盐厂。

谦恭的石文生。叙述者讲述自己一次刮胡子的经历,这胡子某种程度上是为那个荡妇兼才女的乔治·桑而刮。地质队几位年轻的大学生:雷平、王勇。记几个民工。

罗布泊分队的负责人叫石文生,一个小我二十岁的西安矿院毕业生。他十分瘦弱,戴一个高度近视眼镜,满脸胡须,像我们印象中传统的中国知识分子那样:诚实、迂腐、天真,脸上永远带着谦恭的微笑,一副可怜巴巴的样子。

他是陕西商县人。这个商县,就是作家贾平凹笔下的那个商州,一个极为贫穷的地方。当然商县只是他的老家,他是在新疆出生的。他在西安矿院上学期间,曾经上过一次街。我是西安人,因此我们又多了一个话题。

他留胡须是为了节省淡水。自进来以后,所有的人都不再刮胡子,因此每个人的下巴都像刺猬一样。节约每一滴水在这里成为一个社会公德问题。在雅丹的日子里,大约只有一个人刮过一次胡子,这个人就是我。

我实在不能忍受自己的满脸胡须了。我感到自己像个土匪,像个野人一样。乔治·桑在一篇小说中写道:绅士早上起来的第一件事是刮胡子,不论在什么情况下。她写了一个旅途中的男人就着泉水刮胡子的情景。在想起这个故事以后,在汽车的反光镜上照了照自己的狼狈相以后,我决定奢侈地刮一次胡子。这刮胡子不是为那个荡妇和才女乔治·桑,而确实是为了我脸上的不舒服。

第11章

我拿起地质队给我发的那个吃饭的小碗，夹上毛巾和剃须刀，做贼似的在那个储水罐旁边转悠，嘴里还哼着歌儿。瞅人不注意，我迅速地滴了一碗水，继而转悠到雅丹的后边。在雅丹的后边，我找一块平地，放下碗，将毛巾在碗里浸湿，往胡子上面拍。胡子湿了以后，再涂上肥皂，便嚓嚓地刮起来。这些做完以后，碗里还有半碗水，我就用毛巾将这水汲干，然后又将毛巾顶在自己乱糟糟的头发上。半个小时以后，我仍然哼着歌儿，从雅丹后边转回了帐篷。

我为自己的这一次浪费羞愧。而后来，当淡水几近用完，雅丹所有的人都处在一种惊慌状态时，我的羞愧感又增加了几分。我注意到在我刮胡子的整个过程中，几位地质队员在远处面无表情地看着。

早出晚归的地质队员睡在一个大帐篷里，打着地铺。罗布泊的好几个晚上，我都在他们的帐篷里，和他们谈话到深夜。关于石文生以及那些年轻队员的事情，正是我在拉话中得知的。

小型发电机在嗡嗡地叫着，帐篷里有一个不太明亮的灯泡。罗布荒漠上，一弯新月影影绰绰，闪现在瘴气和雾霭中。天上的星星，密极了，一颗挨着一颗。银河从我们的头顶上方横亘而过。北斗七星组成的勺把，以北斗为圆心，悄悄地转动着。

小石三十岁，结婚已经三年了，爱人在库尔勒南疆油田。他还没有孩子，他说现在的条件无法照顾孩子。当我说出他们地质队真辛苦的时候，他说最苦的是家人，是父母，自己两手一甩，出了门，一去就是几个月，不能去照顾他们，他们才最苦。

小石走过许多地方。天山深处，阿尔泰山深处，阿尔金山深处，塔克拉玛干大沙漠深处。总之，需要到哪里找矿，他就得到哪里去。他叹息说，去年的这个时间，他是在阿尔金山的。

队里更年轻的那几个小伙子，一个叫雷平，南京地质学校毕业的，一个叫王勇，武汉地质大学毕业的。他们都是在新疆出生的，父母那一代到的新疆。毕业分配时，本来可以留在内地，但是他们回了新疆。王勇说：我想新疆的大盘鸡，手抓肉，想疯了，于是就回来了。说起目前，他们都有一些悔意，觉得内地毕竟好一些。

他们都还没有对象。陈总说，地质队那叫人羡慕的年代已经过去了，工资不高，整天在野外，到哪里找对象去。春节放假，回去谈一个，刚刚谈热，春节一过又得去野外，这一走又是半年。

除了正式的地质队员外，这次进罗布泊时还雇了几个民工。一个是帮厨的年青人，一个是为测绘队扛标杆的，还有一个小伙子，十六岁，甘肃定西那个地方的人，他说他十三岁，就出来当盲流了。地质队给这些民工开的工资，是每月一千元。这是一个富有诱惑力的数目。不过，一想到这是在罗布泊，是搭上命在这里干活，那么一千元也就不算多了。

同是天涯客，正式职工和民工之间，十分友善，情同手足，丝毫没有尊卑之分。大学生们都由衷地说，那个十六岁的小伙子，能干极了。听着这话，那小伙子钻在被窝里，叼着烟，抿着嘴笑。

夜晚从地质队的帐房出来以后，我到野外去解手。在这里，离帐篷十米以外，你就可以随便往地上蹲，没有人会说你什么，也没有女人可避。我在汽车的旁边蹲下来，四周寂静得好像传说中的冥界一样，一种铺天盖地的压抑感向我涌来，我想此刻在城里，该是万家灯火吧！白花花的光屁股露在外面。我在屙屎时老往后看，担心让狼咬上一口。后来我哑然失笑了。这里如果有狼，该是一件奇迹了。

回到帐篷里，电视台的人都睡了。我趴在床上，把小本放在枕头上，打开手电（小发电机已经停了），写下了这些。

在罗布泊谈彭加木。黄风暴——老地质张师傅如是说。黑风暴——汽车司机任师傅另持说法。在罗布泊谈余纯顺。余纯顺后话。

电视台安导和张作家，从罗布泊深处拍摄回来，拿着一只帆布手套，一只袜子，说这是彭加木的遗物。

大多数人知道罗布泊，是从这个科学家一九八〇年在罗布泊失踪时开始的。在人满为患的地球上，居然还有一个去处，能让人失踪，大家记住罗布泊，很大原因是因为这个。彭加木当时是科学院新疆分院的副院长，他是从马兰原子弹基地那里进入罗布泊的。他是综合考察，或者如陈总所说，是泛泛地考察，而钾盐也算一个项目吧。

失踪使彭加木成为一时的新闻人物。其实，他不算一个重要人物，和他同时考察进罗布泊，安然回去的科学家，现在还都默默无闻。他的重要性在于他失踪了。

彭加木始终成为一个我们在罗布泊谈话的话题。尤其当大家谈到，上海市民在前几年曾经发出过一个倡议，谁若能找到彭加木的尸体，全体上海市民每人出一元钱，予以重奖时，这个话题更趋于热烈。

长期以来有一种小道传闻，认为彭加木没有死，是去了前苏联。他们说彭加木失踪的那一刻，库尔勒停着两架苏联直升机。后来当人们赶到时，一架飞走了，另一架被截获。

这事被说得有鼻子有眼的。

这说法当然属于典型的无稽之谈。茫茫的罗布泊上，在没有坐标，没有标志的情况下，找一个人简直像在大海里找一个蚂蚁。打个比方来说吧。我们现在居住的雅丹这地方，你告诉了飞机经纬度，让它来找，它花上一天半天也很难找到。更何况那里靠近马兰原子弹试验基地，空中也不好飞。

老地质张师傅认为，彭加木一定是碰上了黄风暴。他说彭加木失踪的那一边的地貌，比起我们这里的大盐碱来，其实要好一些，毕竟还有点沙漠，有点零星的草木，也有生物。但是那里的沙漠是游动的沙漠，一遇风暴，沙漠就会游走、变形。当彭加木孤身一人，向沙漠纵深走去时，黄风暴来了，飞沙走石，遮天蔽日，几米之外看不见人影。彭加木没有经验，他遇到这种情况时，应当站在原地不动，硬撑着让风暴过去。因为人在这种情况下，转两个圈子，就会失去方位感。估计，彭加木见风暴来了，有些惊慌，他挣扎着向他认为是营地的方向走去，结果越走越远，继而，黄风暴将他击倒，流沙随之将他掩埋。这样，一个人就从地表上消失了。

张师傅多次遇见过这种罗布泊的黄风暴；他也多次从风暴中死里逃生。他的话是过来人的经验之谈，应当说是有道理的。

但是开车的任师傅说，有一种黑风暴，比黄风暴更厉害。他认为彭加木一定是遇上了这种黑风暴。

老任说，有一次，他们开车，正在路途上走着。很奇怪，刚才还是晴朗朗的天，突然地面上刮起一股黑风，霎时间他们被卷在黑风中，漆黑一片，伸手不见五指。他们吓坏了，不知道是怎么回事，赶紧停下车，下来查看。风很大，刮得人站都站不稳，两个人明明面对面站着，但是光能听见喊叫的声音，就是看不见人，像中间打了一堵黑墙一样。大家还算镇静，互相呼喊着，靠在车上，等这黑风暴过去。

老任说黑风暴是局部性的，是说来就来，事先一点征候都没有的，而黄风暴是一个大范围的天候，事先也有征兆，因此他觉得罗布泊吃掉彭科学家的，一定是这黑风暴。

老任的推测当然更有道理。这黑风暴是什么呢？是龙卷风在罗布泊腹心地带形成，然后卷起黑色的碱土，像游走的恶魔一样在这死亡之海上行走吗？或是这龙卷风是在库鲁克塔格山麓的黑戈壁形成的，尔后像一朵游走的蘑菇云一样，黑色的翅膀掠过罗布泊？

在我在罗布泊的日子里，没有遇见过这种黑风暴，就连我遇见的那场将帐篷吹到天上的大风，也不能称为黄风暴，因为据说它才有八级。但是在任旭生师傅那恐怖的讲述中，我能想象出那黑风暴的模样。它仿佛在小学课本上，学过的普希金的童话中所出现的那个从海里捞出的宝瓶中冉冉升起一股黑烟，最后在半空中凝聚成一个狰狞面目的魔鬼一样，人类在它面前多么渺小，多么孤独无助呀！

一冷一热也许是这黑风暴形成的原因。我们居住的这些天，中午的室外温度达到五十一点四摄氏度，而晚间温度接近零点，温差之大令人惊讶。而这还是罗布泊最好的季节，人类唯一可以进去和生存的季节。别的季节，可想而知了。

不管怎么说，彭加木是死了，一位先驱者，一位死在罗布泊的众多人中的一个。据说彭加木失踪后，部队成散兵线像篦梳一样，在罗布泊梳理过几遍，并动用直升机等设备，但是，黄沙蔽天，旷野无垠，彭加木活不见人，死不见尸。

安导和张作家捡回的手套，当然不会是彭加木的。因为彭加木的失踪是在马兰方向。但是这只手套，却一定是先我们之前的某个罗布泊的闯入者留下的。那么他是谁呢？我们不得而知。

另一个被罗布泊吞没的是探险家余纯顺。

余纯顺用他的双脚徒步走了八万里的路。八万里也就是说是绕地球走了整整一圈，但是他没能走出罗布泊。他像一只长途跋涉的骆驼，后来倒在了罗布泊的沙丘上。最后也就埋在了这里。

令人震撼而惊奇的雅丹

第12章

不过地质队员们对余纯顺的死亡，并不那么产生敬意。余纯顺是因心脏病突发而死的。余纯顺的探险，也丝毫无危险可言。他是从若羌县那个方向走向罗布泊的。行前，若羌县为他开了大会壮行，整个县城像过节日，保险公司还为他免费保险。然后，一辆东风汽车在前面走，为余纯顺碾出道路。余纯顺只要顺着辙走，就行了。汽车还每隔三公里，放一堆矿泉水、面包、帐篷之类，以备余纯顺生活之需。眼见得一项徒步穿越罗布泊的新闻就要产生，可惜余纯顺偏离了车辙，越走越远，迷路了。迷路这件事可能带给他巨大的心理压力。在呼天天不应、叫地地无门的情况下，心脏病突然发作，于是乎葬身荒丘了。

据说后来曾有地质三大队的民工，在沙漠上发现一个人形。人在地下埋着，油被灼热的沙漠烤出来了，渗到地面，于是，地表上出现一个人形。民工们觉得奇怪极了，他们最初推测这是彭加木，后来又推测这也许是一具楼兰古尸，最后，顺着人形挖下去，原来这是余纯顺的坟墓。

普尔热瓦尔斯基，另一个死亡者。叙述者由普氏谈到西夏。西夏王朝的灭亡，西夏民族的灭亡，西夏文字的灭亡。

李范文先生。李范文是王小波笔下那个研究西夏文的李先生吗？普氏当年的错误。李希霍芬男爵的假设。斯文·赫定的实地踏勘。往事依依。

其实除了彭加木和余纯顺之外，第一个探险罗布泊的普尔热瓦尔斯基，而今也长眠于西天山山麓的伊塞克湖畔。他是俄国人，贵族家庭出身。自一八七二年起，成为对这块中亚细亚大陆腹地探险的先行者。后来，一八八八年深秋，第五次中亚探险时，死在路途。一八八八年距现在，已经是一百一十年的时间了。

这个人是第一个抵达罗布泊的近代欧洲探险家。亦是他第一个将这块地球上的神秘之域介绍给世界的。在罗布泊，他还发现了一种野马，这种野马遂以他的名字命名，称普尔热瓦尔斯基马。

普尔热瓦尔斯基也许是个双料角色。其一，他是一个可敬的探险家和学者，其二，他是一位怀有军事目的的间谍。关于这个人，我在这次陕甘宁青新五省区的游历中，不断地听到有人提起他。

宁夏的著名西夏文研究专家李范文先生就提到过他。李说，普氏带一支俄罗斯士兵组成的考察队，从贺兰山下路经时，曾经挖掘过一座古墓，从而挖掘出大量的西夏文物，这些文物后来被运往俄罗斯。普氏挖掘的古墓，是不是号称东方金字塔的西夏王陵呢？李范文先生说时，我没有记住，好像不是吧。

李先生也许正是业已故世了的稀世天才王小波笔下的那个研究西夏文的李先生吧！肯定是他！不过那是小说，小说不讲究对号入座。

李先生说，他的研究资料，大部分是从俄罗斯来的，也就是说，是这个叫普尔热瓦尔斯基的人在一百年前从西夏的一座古墓中盗去的。

由于拥有这堆资料，从而令俄罗斯人在西夏研究方面，处于领先位置和权威阐释者地位。

普尔热瓦尔斯基的足迹，遍布宁夏、青海、内蒙古、甘肃、新疆这一块中亚腹地。按照专家们的说法，他的终极目标是进入西藏，或者说，他所有的探险队都是以拉萨为目标组建的，但是，他始终没有到达拉萨，只是有一次，当他前行到距拉萨一百四十四英里的一个小镇，然后派出信使向达赖喇嘛陈情时，不料却遭到其坚拒。

普氏中亚探险的目的之一，是通过实际勘探，为俄军总参谋部提供一份详细的中亚地形图。在塔里木河的终端，普氏眼前出现了一座烟波浩渺的大湖。这湖叫喀拉库顺。普氏认为这正是传说中的罗布泊，于是乎将他的考察成果手绘成图。告知俄总参，而俄总参也就根据普氏的第一手资料，印制成中亚地图。

在中国的《史记》和《汉书》中，在清同治二年印制的武昌府地图中，罗布泊的位置不在这里，它应当在喀拉库顺湖以北一度的地方，况且，史书上的养育了楼兰民族的蒲昌海——罗布泊，是一个大盐泽，而此处的喀拉库顺却是个淡水湖，因此，当普氏的研究成果公之于世以后，立即在国际地理学界引起一场轩然大波。遂之引起这个一百年前的中亚探险热。

中国人几千年来一直顽固地认为，我们的母亲河黄河，发源于罗布泊。塔里木河，孔雀河，若羌河流入罗布荒原后，受山的阻隔，不能前进，于是聚而成泊，尔后，水流潜人地下，从山的另一面流出来了，流成黄河。而今，普氏对中国地图不可思议的错误订正引起中国人的愤怒。

率先向普氏的见解发难的却是一位德国人，资深的地理学家李希霍芬男爵。李是一位中国问题专家，以其多卷本《中国》享誉学界。李

指出，普氏所见者并非中国史书所载之罗布泊，而是塔里木河下游紊乱水系中的一个新湖泊，真正的罗布泊应在其北。

我们前面提到的斯文•赫定，正是李氏的学生。他为了印证老师的假说，于是开始他的罗布泊之行。他的多次罗布泊之行，除印证了普氏的错误和中国地图的正确外，最大的功绩在于发现了楼兰古城，从而开始了持续一个世纪之久的丝绸之路热。

本书叙述到这里的时候，叙述角度有个悄悄地改变：窄幅彩电变成了广角镜头。以此一刻的罗布泊雅丹为基点，以前发生的事情，以后发生的事情，叙述者都视接万里，一并道出。面对这种新的叙述，读者朋友需时时调整自己的时间差才对。欧洲一个古老的种族，迁徙中亚细亚，依罗布泊而居住。渔耕一支建楼兰国，游牧一支是大月氏。匈奴的血脉渊源。万里长城与秦直道在那遥远的世纪里，欧洲的一个古老的种族，由于一场战争失败，在敌人的穷追猛打之下，被迫越过欧亚大陆桥，向中亚细亚迁徙。有驼队，有夜晚的篝火，帐篷的歌声，和像大雁一样警觉的夜哨兵。他们后来来到了一个浩瀚无边的大海边，发现这里的地貌特征和他们的地中海故乡很相似。只是风要硬些，气候要冷些。于是他们在这里定居下来。

定居下的他们随着年代的推移，逐步分化为农耕和游牧的两支。那农耕、渔猎的一支，在今天的楼兰、若羌、且末一带活动，他们建楼兰王国，他们称罗布泊人。那游牧的一支，在今天的敦煌、安西、玉门关一带活动，他们是大月氏。楼兰国和大月氏，成为中国的史书上所记载的西域三十六个国家中的两个国家。

这时候在东方有一个叫匈奴的民族，成反方向从亚洲向欧洲迁徙。这真是历史上蔚为壮观的一幕。一串驮牛驮着帐篷架子，像大雁飞行的翅膀。大轱辘车从荒原上吱吱哑哑驶过，迁徙者唱着古老的歌曲向故土告别。欧洲的那些思想狭窄的人将匈奴的这次迁徙欧洲称为第一次黄祸，而将后来成吉思汗的铁骑横踏称为第二次黄祸，现今，面对中国经济的高速发展，又惊叹他们面临第三次黄祸。

是遗迹还是雅丹

按照司马迁《史记》中的记载，按照今人于右任的诠释，这匈奴民族亦是中华民族血脉中的一支。黄帝有四个老婆，四个老婆生出十六个儿子，儿子们又生出众多的孙子。儿孙相加是七十三个，于是黄帝将天下分成七十三个国家，每个儿孙去统治一个。这样，匈奴人亦是这七十三个国家中之一个。明白了这个中华民族的起源形式，我们就明白这以后为什么有夏商周这样的中央集权，又有众多的诸侯国的原因了，明白了历代皇帝为什么封疆封邑，令儿女们坐地称王，实行封建割据的起因了，明白了在漫长的封建时代，中央政府为什么要穷兵黩

武，令四夷臣服的原因了。

在西周的文献记载中，匈奴对中原的威胁就已能找见。春秋战国时间，燕、韩、魏、秦都有同匈奴作战的历史，而长城的筑建，亦是针对匈奴而言。至秦朝，统一后的秦朝，匈奴的侵略成为其心腹大患。秦将其最精锐的部队摆在陕北绥德一带，就是为了抵御匈奴。那绥德，无定河散散漫漫，从城中横穿而过，这河流令人想起可怜无定河边骨，犹是春闺梦里人的凄凉诗句。秦修筑的两项伟大工程，一曰万里长城，一曰秦直道，正是为了抵御与威慑匈奴之用。

那万里长城已为天下所熟知，而秦直道知道它的人却不多。秦直道南起长安城附近，淳化县的甘泉宫，尔后顺昆仑山的一支余脉，陕甘两锴的分水岭，一个叫子午岭的陡峭山脉，削山填谷，一路北行，至黄河边，设码头过河。然后直抵内蒙古包头附近的九原郡。那时的九原郡，是南匈奴王居住的地方。

昭君出塞的故事。九原郡在今天的包头以南八十华里处。朱湘的诗。李白的诗。昭君出塞较张骞出使西域晚七十余年，这里提前说出，免得后面啰唆。昭君出塞导致了南北匈奴的最后分裂。

马蹄哒哒胡茄声声昭君出塞。这事发生的时代是汉元帝时代。昭君嫁的是南匈奴王。昭君前往九原郡的道路应当是秦直道。早夭的天才诗人朱湘，曾经写过一首昭君出塞的诗，做无凭的猜度，猜度王昭君远嫁时的情景：琵琶呀我的琵琶，趁着人马如今不喧哗，只听得蹄声哒哒，我想凭着切肤的指甲，弹出心中的嗟呀。琵琶呀伴我的琵琶，这儿没有青草发绿芽，也没有花枝低亚；在敕勒川前燕支山下，只有冰树绕琼花。琵琶呀伴我的琵琶，我不敢瞧落日照平沙；雁飞过暮云之下，不能为我传达一句话，到烟霭外的人家。琵琶呀伴我的琵琶，记得当初被选入京华，常对着南天蹉跎；哪知道如今去朝远嫁，望昭阳又是天涯。琵琶呀伴我的琵琶，你瞧太阳落下了平沙，夜风在荒原上发，与一片马撕相应答，远方响动了胡茄。

中国历史上的四大美人之一王昭君，就这样上了南匈奴王呼韩单于的简陋的龙床。

想昭君美人在汉宫的时候，为这次远嫁，一定进行过许多性知识方面的教育。加之帝王后宫的所谓房中术，自传说中的九天玄女为黄帝亲授以来，这时候已成熟到炉火纯青的地步，如今由这乇美人施展开来，颠鸾倒凤，不由得南匈奴王不降服。

这也正应了李太白一首诗里的那话：一笑相倾国便亡，何劳荆棘始堪伤？小怜玉体横陈夜，已报周师入晋阳。李太白在这里说的是另外的一件历史史实，不过放在这里，却也合适。

南匈奴俯首称臣，成为中央集权下的一个诸侯国。北匈奴站不住脚了，于是他们割袂断义，开始他们的悲壮的迁徙。

汉武帝刘彻没有对手的悲哀。北匈奴在中亚细亚。匈奴之一支成为今天的匈牙利民族。天下匈奴遍地刘——作家刘绍棠生前捎给叙述者的问候，作家刘成章在罗马尼亚的奇遇。匈奴民族的长途迁徙欧洲，被一些狭隘的欧洲人称为来自东方的第一次黄祸。

稍前，汉武帝元封元年，汉武帝从长安城出发，率铁骑十八万，又一说是三十万，从秦直道经黄河直至九原郡。骑烈马，挽长弓，雄才大略的汉武帝站在燕支山上，面对北方大漠，恫喝三声，天下无人敢应。《汉书》记载了这一历史时刻。

那时候南匈奴已经归顺，单于的龙床正等待着昭君美人的到来。北匈奴则正在迁徙的途中。中亚细亚广袤的土地上，正是北匈奴纵横驰骋的地方。从稍后的张骞出使西域，苏武出使西域，从敦煌以北，直抵贝加尔湖畔，甚至更为辽远的地方，当时正为匈奴控制，或者说匈奴民族是当时这广大地区最为强大的一股军事力量。

嗣后在汉王朝的名将李广、李广利、李陵、霍去病等等的不断追击下，经历过许多的战争，匈奴民族终于离开中亚细亚，迁徙到俄罗斯的黑海、里海一带。高加索地区寒冷的气候和盐碱土地，使他们不能继续生存，于是跨过多瑙河，进入欧洲腹心地带。

匈奴中的残留的一支，最后抵达了匈牙利，并在那里建立起国家。而大量的迁徙者们则在迁徙的途中，融会到当地土著中去了。相信现在的中亚五国，相信非洲和欧洲的许多种族中，都有匈奴人高贵的血液存在。允许我在这里向他们远去的背影致敬，哦，我的走失在历史路途中的亲爱的兄弟。

沙漠防护林带

匈牙利的国家研究机关，在经过许多的研究考证，同时又采纳了民间传说之类佐证后，确定匈族正是当年的从亚洲迁徙而来的匈奴民族。东欧事变后，曾有学者在报刊上发表文章提出异议，认为匈牙利的立国在公元二世纪，而匈奴即达这块绿洲的时间是公元五世纪，因此匈族可能是二世纪时迁徙到这里的另一支欧洲古老民族的后裔。但是，这个观点提出后，立即遭到匈牙利官方机构的批评。官方重申，匈牙利民族的前身是匈奴人，并且说道，有这黑头发黑眼睛，横扫欧亚非如卷席，令敌人闻风丧胆的匈奴人作我们的祖先，是一件光荣的事情。匈牙利官方的这个举措，正如中国的官方在对待黄帝陵这件事上的做法一样，当有文章提出黄帝陵是在河南，在山东，在湖北诸种说法之后，官方发表意见说，这件事不能讨论，黄帝陵只有一个，就是陕西黄陵县的桥山。

我的尊贵的朋友，作家刘成章先生是延安市人。在那遥远的年代里，延安九燕山以北，曾是匈奴的领土。后来南匈奴归汉，这些地方的人种逐渐同化为汉人。而刘姓大约离匈奴更近。因为南匈奴之一支，据信曾是王昭君后裔的赫赫连连，曾被当时皇帝赐姓为刘。所以后来，中国有天下匈奴遍地刘一说。这个说法是北京作家刘绍棠先生生前信中告诉我的。他说他写过《一河二刘》的小说，他怀疑自己身上也有匈奴血统存在。

我这里想说的是九十年代初期刘成章访问罗马尼亚的事。在罗马尼亚作协主席家中做客，当刘成章说出，他来自陕北，他的身上大约有南匈奴的血统存在时，突然屏风后面传来一声长长的惊叹，罗马尼亚作协主席的妻子从屏风后面冲了过来，与我们的作家拥抱，她说她是匈牙利人，是北匈奴人的后裔。记得，我曾经写过一篇文章，我说，此一刻，世界上也许正在发生许多重要的事情，比如俄美太空船对接，山姆大叔和娜塔莎在蔚蓝色的天际公开调情，比如伊拉克科威特战争中，几百口油井正在熊熊燃烧，又比如许多的事情，但是，穿过一万多公里空间，穿越两千年时间的兄弟姊妹的这一次接吻，更为动人和庄严。

罗布泊雅丹大峡谷

第13章

关于匈奴最后的走向问题，一个民间的研究者曾与我进行过交流。他认为非洲的突尼斯人，欧亚相交处的土耳其人，都有匈奴后裔的可能。他说得言之凿凿，而我只能在这里将问题提出而已。

匈奴人在罗布泊地区，曾有过大大小小许多次的战斗。当时的西域三十六国，几乎都臣服在了匈奴的淫威之下。汉室和匈奴，汉室和这些国家之间，匈奴和汉室，匈奴和这些国家之间，都发生过许多戏剧性的故事。而最精彩的一个故事，乃是一个类似荆轲刺秦王的故事。

来自东方的匈奴和来自西方的楼兰，两股潮水相撞于罗布泊。楼兰国的情景，楼兰城的情况。塔里木河。西域蛮荒之地一块令人瞠目结舌的文明之邦——楼兰绿洲文明。

汉天子第一次听说西域有个楼兰国(或者说中国人第一次听见楼兰这个名字)，竟然是匈奴人告诉他的。汉文帝前四年(公元前一百七十六年)，匈奴冒顿单于给汉文帝递了一份国书，国书说：天所生匈奴大单于敬问皇帝无羌。以天之福，吏卒良，马强力，以夷灭月氏，尽斩杀降下之。定楼兰、乌孙、呼揭及其旁二十六国，皆以为匈奴。

两股汹涌的潮水一个从西向东，一个从东向西，它们注定要相遇，它们相遇的地点就是罗布泊。来自欧洲的古老种族和来自亚洲的古老种族，携带着各自的文明在这里相撞，这一撞便掀起罗布泊这个中亚地中海的层层波浪。

当匈奴的铁骑踏入罗布泊地区时，楼兰人大约已经立国有四百年的历史了。他们将这一块大陆腹地建设成了令人叹为观止的绿洲文明。我们知道，罗布泊在三亿五千万年以前，是一个横亘在中亚细亚的无边无沿的大海，罗布泊在十万年以前，缩小成十万平方公里，而在此刻，它当进一步地缩小了，从而露出许多的陆地。

楼兰城建立在罗布泊的西面，湖泊距城池大约十多公里之遥。无风的日子，罗布泊深沉、安详，中亚细亚灼热的阳光照耀着这一片深蓝色的海洋。有风的日子，罗布泊则像一个怪物，倒海翻江，潮头甚至可以轻舔楼兰城的城垣，而海涛声可以搅得城池里的人们无法成眠。

楼兰古城城垣是一个不规则的方形。东面城垣长三百三十三点五米，南面长约三百二十九米，西面和北面长约三百二十七米，周长是一千三百一十六点五米，总面积为十点八二四万平方米。城内有官署，有寺院，有居民区。一座高高的佛塔，矗立在城中的显赫位置，成为楼兰城的城徽。

塔里木河自遥远的昆仑山奔腾而来，为这沙漠绿洲提供淡水，提供取之不竭的鱼类。而在楼兰城的南北，各有一条古河，聪明的楼兰人挖掘了一条运河，将这两条河流连接。运河从楼兰城中斜插而过。

田野上生长着茂密的庄稼。田间地埂生长着一株株一片片高大的胡杨，正如我们今天看到的哈密绿洲、鄯善绿洲、吐鲁番绿洲的情景一样。想那时罗布泊湖中的盐碱和陆地的盐碱，不像我今天看到的这么多这么重，因此那湖面可以泛舟和渔猎，那田野稍加改造便可以耕种。

那么这片楼兰绿洲的农业那时候曾经繁荣到何等地步呢？沧海桑田，山谷为陵，面对眼前这像月球表面一样荒凉恐怖的罗布淖尔，我们不敢想象。好在从近代出土的楼兰城的那些木简残片中，我们嗅到了那远古的信息。一个丝绸商人在这里用四千三百二十六捆丝绸，卖给楼兰居民，以货易货，换取小麦。木简记录了这一交易。四千多匹丝绸在当时能换多少粮食呢？这块绿洲当时的农业规模可想而知了。

塔里木河和两岸的绿洲。摄影机下方的河段即被截流进行漫灌匈奴的迁徙。匈奴人眼中的罗布泊。匈奴人眼中的楼兰城。罗布人的奇特捕鱼方式。匈奴灭大月氏。匈奴占楼兰城。

匈奴那时候才开始他们悲壮的迁徙，长达五个世纪的命定的道路，现在才刚刚开头。失我祁连山，令我女儿无颜色。失我敕勒川，令我六畜无所依。他们唱着古歌行进。

他们来到了罗布泊边上。眼前的一切宛如冥界。一汪蓝水，无边无沿，水面上漂浮着传说中的雾霭瘴气。勇士们的坐骑，早已在沙漠穿行中饥渴难耐，见了这水，不听骑手的使唤，纷纷将头伸向了湖水。这些马匹，一会儿就上吐下泻，倒毙在了湖边。而在远处，轰轰隆隆作响，一股黑色的风暴像巨人一样缓缓地从地平线上升起，盘旋着、翻卷着，向他们袭来。

在这无遮无拦的地方，匈奴庞大的迁徙队伍唯一能做的事情，就是跳下马，跪在地上，默默祈祷，等待这场风暴过去。不知过了多久，黑风暴终于过去了。队伍又有减员，有不少人被黑风暴卷走，又有不少人被流沙掩埋。剩下的这时候从沙子中拔脚出来，跨上马，继续他们的路程。

这时候，太阳正在缓缓地西沉。它像一个大轱辘车的轱辘，停驻在远方的西地平线上，柔和的红光将这一片凄凉的原野，照耀得如梦如幻。

塔里木河中段活着的胡杨林，突然在那红光的照耀下，出现了一座辉煌巍峨的城郭。高高的佛塔，祥云缭绕，那佛塔四周好像还有教徒们出出进进。高高的城墙，城墙上面有岗楼，有锯齿一样的垛口，还有游弋的懒洋洋的士兵。一条河流，从城的中央穿过，河面上，一条华贵的游艇在缓缓行驶，游艇里传来歌声，一个美丽的女子，戴着面纱，坐在船舷上，正在试试探探，将她的一双天足放进这泛着白光的河流中洗濯。

瞧，海市蜃楼！

也许是作为匈奴尖兵的第一个士兵首先发现的，也许是所有的迁徙者在同一刻看见这一神奇的情景，只是看它的角度不同。这就是两千年前的那个楼兰，这就是曾创造过绿洲文明奇迹的那个楼兰。只是匈奴人在望见它第一眼的时候，将它当成了海市蜃楼。这并不奇怪，在这举目荒凉的蛮荒之地，谁也不会料到这里会有这么一座古城。

这里也许是很久以前人们曾经的住宅

随着匈奴队伍的继续前行，他们终于发现了这不是海市蜃楼，而是一座真实的人间城郭。

罗布泊岸边开始出现了芦苇，后来这芦苇越来越茂密，并不时有野鸭尖叫着从苇丛中飞起。这表明这地方已经开始有淡水注入。后来他们还发现了一只新疆虎，冒顿单于搭弓射箭，将那虎射死，放在马背上驮了。田野上开始有了庄稼，有了正在流水的水渠，有了一片片的胡杨林。

在一条古河的旁边，他们捉到了一个罗布泊人。这罗布人正在干一件奇怪的事情。他从古河里引一条渠道，直到他的家门口。待水把渠道灌满以后，便将河边的闸口封死。那时候，河里到处是鱼，因此这渠道里，现在也被鱼塞满。罗布泊人就是这样打鱼的，就是这样将野鱼变成家鱼的。如果他们想吃鱼的话，只消伸手，到门前的渠里去取就行。这半里长的一个渠，够他们享用半年。

从被抓住的这个罗布人的口中，他们知道了前面那个辉煌城郭叫楼兰城，知道了他们此刻正行进在楼兰国的领地上，知道了刚才路经的那片大海叫蒲昌海。罗布人的话他们稍微能听懂一些，这原因是，不久以前，匈奴铁骑曾经将一个国家整个地毁灭，那国家叫大月氏，他们发现罗布人的言语和大月氏人的言语有许多近似之处。

冒顿大单于一挥鞭，直指暮色中的楼兰城。疲惫不堪的士兵们发一声喊，战马也随之仰天嘶鸣，驮牛也哞哞地叫了起来。大轱辘车上载着的妇女，贪婪地嗅着这湿漉漉的空气，流下了眼泪。孩子，我们有救了，前面是绿洲！母亲拍打着自己的孩子说。而孩子也受到了感染，欢快地啼哭起来。

这股汹涌的潮水直奔楼兰城而来。

第二天是中亚细亚一个普通的早晨。当朝霞刚刚将阿尔金山那

苍茫的大垭口照亮的时候，打瞌睡的楼兰城的哨兵揉了揉眼睛，向东方一看，于是看见了城外是黑压压的一片队伍。哨兵惊恐地大叫起来，一顿饭的工夫，有一支不明身份的强大队伍兵临城下的消息，传遍了这十平方公里的楼兰城。

楼兰工自然也得到了消息。年迈的楼兰工来到城垛上，眯着眼睛，抚着长髯向东方观看。城外如狼似虎的队伍阵营整齐，铁甲显明，而远处又有滚滚的烟尘，这表明这部队还有源源不断的后续。楼兰王流泪了，他明白这个古老种族的又一次劫难到了。

也许有过一场厮杀，也许没有。没有的可能性要大一些。明智的楼兰王不愿意以卵击石，用全城人的性命来赌博，他怀着屈辱，与强大的匈奴人签下了城下之盟。

这样匈奴便占领了楼兰国。这样楼兰便成为匈奴的一个附庸国。这样和平安宁的楼兰绿洲便被打破了。

本节介绍一个荆轲刺秦王式的西域故事。勇士叫傅介子。被刺的人是楼兰王。总设计师是汉天子。刺杀成功。楼兰王的弟弟尉屠耆即位。楼兰国改国号为鄯善。

冒顿大单于给大汉天子的那份国书，当初似乎并没有引起汉文帝的重视。楼兰是谁？乌孙是孙？大月氏是谁？西域二十六国又是谁？大家都不甚了了。大月氏也许还稍稍知道一点，因为它的飘忽的铁骑有时还骚扰一下玉门关，关于别的，那就真是无法想象了。

五十年以后，张骞出使西域。一出敦煌境，眼前汹涌的蒲昌海首先让这个从未见过大海的汉中青年吃了一惊，接着，绿洲文明的阡陌纵横，敦煌古城的辉煌威严，更令他大大地吃了一惊。他接触到了一个与大汉文化浑然不同的另一种文化。

张骞还出访了西域许多的国家。他用步骑踏勘出了一条通过遥远的欧洲的一条通道，这就是后来的古丝绸之路。

卧榻之侧岂容他人酣睡。雄才大略的汉武帝在听了张骞的汇报后，立即发兵，去收西域三十六国。当然在收复的过程中，他的主要的敌人还是匈奴。

汉武帝发兵的主要目的，征服和占领倒在其次，他主要目的是打通和保卫这条欧亚大陆桥通道。而当时的楼兰，是这条通道的枢纽。这就是为什么在中国的史书上，野史上，唐诗中，楼兰这个名字频繁出现的原因。

发生过许多次的战争，中亚细亚上空这个时期狼烟滚滚，士兵的白骨暴尸荒野。楼兰城大约像一个煎饼一样，要承受两面的炙烤，今天晚上是匈奴人占领，明天早晨又会插上大汉的旗帜。

稍后的唐朝诗人注视着那个时期，曾经吟唱道：青海长云暗雪山，孤城遥望玉门关。黄沙百战穿金甲，不破楼兰终不还。又唱道：黄河边青海头，古来白骨无人收。而李烨的《吊古战场文》，写得更是寒气砭人，凄凉之至，鬼气森森，长歌当哭。

在某一次的战斗中，汉军又破了楼兰，驱逐走了匈奴。

汉室立了新的楼兰王，作为他的傀儡政权。并且将楼兰王的弟弟尉屠耆，作为人质，押往古都长安居住。

然而在又一次的拉锯战中，匈奴的骑射又占领了楼兰，楼兰国重新脱离汉室，成为匈奴的附庸国。

愤怒的汉室不能容忍楼兰王的朝秦暮楚。生活在温柔富贵之乡的楼兰王的弟弟耆，这时候也起了勃勃野心，决心依靠汉室的力量，废黜哥哥，自立为王。史书上含糊其辞地说道，是汉室应楼兰王的弟弟

的请求，派了三十名勇士去刺杀楼兰王，演出那另一幕荆轲刺秦王式的历史大剧的。不过我们认为，这场历史大剧的发动者也许是汉天子，楼兰王的弟弟只是个被动的卒子而已。

领头的勇士叫傅介子。他是谁？我们无从知道。军中的一个勇猛的将军，死牢里被特赦的一名死囚，或是长安城中的一个无赖，抑或是被收服的强盗，时隔太久，只有史简上那只言片字的记载，向我们透露出零星的消息，让我们知道了这个人叫傅介子。

傅介子在长安城中招募了二十九名和自己一样勇敢的勇士，然后假扮成客商，踏上了刺杀楼兰王的道路。那时的交通工具是骆驼、马和大轱辘车。驼铃叮咚，马蹄哒哒，车轮吱呀，他们大约走了许多的晨昏，才穿过漫长的河西走廊。左宗棠走这一段路用了一年的时间，他们大约用不了这么多，但是那时间也是可观的了。在这包括傅介子在内的三十名勇士之外，还有一个凄凄楚楚的历史人物，他就是楼兰王的弟弟耆。

在一个落日的黄昏，他们来到嘉峪关。祁连山到此终结，河西走廊到此终结。在这里又做了最后的一次安排之后，继续西行。他们取的是古丝绸之路中道，即从安西到敦煌，从敦煌到阳关，从阳关到白龙堆雅丹，从白龙堆雅丹到楼兰。

这也是一些年后，唐僧西天取经走过的道路，马可·波罗横穿罗布泊走过的道路，赫定在结束他的中亚探险三十年，最后一次向罗布泊告别时所走的道路。

在一个早晨，太阳刚从阿尔金山山顶吐出光芒，深蓝的罗布泊平静如镜的时辰，这时从远远的东方地平线上，走过来一支驼队。他们和普通的商队并没有任何区别，所不同的是，在驼队后边远远的地方，一支大兵缓慢地，鸡犬不惊地跟在后边。

雄壮的遗迹向人们昭示着夕日的辉煌

那时这一条商道已经十分繁忙，经常有各种国籍的商人从楼兰城穿过，并把楼兰作为他们以货易货的地方。所以这一队骆驼帮的到来，并没有引起城里人的特别警惕。

在王宫里，怯懦的楼兰王接待了他们。楼兰王所以接待他们，并不是出于政治和军事方面的考虑，而主要是出于商业利益。因为这些商家们总能给他的国库、他的臣民带来财富。

大家分宾主坐定。勇士们开始一边喝酒吃肉，一边击剑而歌。那歌儿里透出一股杀气，令楼兰王已经有点不祥的预感，有些后悔这次的接见。而三十名勇士之外，那个文质彬彬，靠一条头巾半掩颜面的青年，又令他觉得面熟。

他是谁？尽管他穿着汉人的服饰，有着汉人的举止，但是直觉告诉我，他好像是楼兰人，是我走失的一个兄弟！楼兰王指着那个青年，

迷惑不解地问道。

傅介子是秦人，长着一张尿盆似的大脸。而今，那张四方大脸已经被酒醺得通红。他见楼兰王这样问话，于是含糊其辞道：他是谁？我们也不知道。骆驼帮出长安城的时候，见一个书生，正面对西方啼哭，于是腾出一个骆驼，也将他捎来了。见楼兰王还要追问，傅介子笑道：这个话题还是一会儿再谈吧！大王——至高无上的楼兰王，我现在将这次带来的中国的丝绸，取出最好的一匹，作为礼物为您献上。说罢，傅介子将自己面前搁着的丝绸，轻轻一推，推到楼兰王的案前。大王你看，这是吴越一带出的，又得吴越美女纺织，宛如天上的霓虹。傅介子边说边徐徐将那匹丝绸绽开。逗引得楼兰王不由得欠起身子，低下头来观看。

丝绸越绽越少，至最后完结处，包着的是一柄明晃晃的牛耳尖刀。这是什么？楼兰王惊问。问罢以后，已经明白今天是在劫难逃，于是倒吸一口冷气，就要拔腿向屏风后面跑去。

傅介子哪容楼兰王挪步。只见他伸出一只手来，老鹰抓小鸡一般，拽住楼兰王的手腕，另一只手，攥起那柄牛耳尖刀。

我叫傅介子，大汉勇士也！现在我来告诉你吧，那青年是谁？他就是接替你王位的人，你的在大汉充当人质的弟弟！傅介子说罢，抡圆尖刀，向楼兰王心窝捅去。

弟弟，何必这样。楼兰王叫道。话音未落，已气绝身亡了。

想那王宫中楼兰王的左右，该有一些武士才对。此刻见傅介子动手了，剩余的二十九个勇士，都从案上的丝绸中抽出短刀，一番杀戮，片刻的工夫，宫廷里就清静了。

宫廷外面自然也听到了响动，于是卫兵们向宫内攻打，三十勇士则扼守宫门，拼命抵抗。双方正在相持不下时，楼兰城外，人声喧嚣，战马嘶鸣，旌旗蔽日，尘土飞扬，大汉的兵马已经到了。

这时楼兰王的弟弟耆，从宫中款款走出，当他说出他是谁时，四周逐渐安静了下来。楼兰国于是有了新的国王。新国王命令士兵打开城门，迎接王师入城。这样，楼兰国又一次成为汉的诸侯国。傅介子等三十勇士凯旋。

西域楼兰国历史上一次著名的宫廷政变，就这样成功地进行了。这个历史时间是汉昭帝元凤四年，即公元前七十七年。

新国王将国号改名为鄯善，并迁都今天塔克拉玛干大沙漠边缘的若羌县，也就是旅行家余纯顺横穿罗布泊时出发的那个若羌县城。

楼兰国在罗布淖尔荒原上，矗立了八个世纪之久，创立了灿烂的楼兰绿洲文明。它灭亡于公元五世纪末，在中世纪西北古族大移位时期，为游弋于中亚细亚的一个强悍的游牧民族丁零所破。

这时候我们知道，匈奴早已离开了中亚细亚，并且结束了在黑海，里海大戈壁滩上的勾连。他们蔚为壮观的迁徙史也至此结束，匈奴之一支，在气候温顺，宜农宜牧的多瑙河边，画上一个句号。

第14章

叙述者触景生情,从匈奴的不知所终,楼兰的不知所终,联想到西夏的不知所终。一代天骄成吉思汗死在西夏都城兴庆府城下。元军血洗兴庆府。李范文先生和他的西夏文字典。李自成从哪里来?

楼兰国灭亡了,那些曾在绿洲上农耕,曾在海子边捕鱼,曾经乘着画舫游弋于古运河之上的男女们,他们都到哪里去了呢? 史书上以惆怅的口吻说人民散尽,不知所终。

这情形令人面对茫茫苍苍的时间历程,不由得倒吸一口凉气。说一声没有了,就没有了。一切就这么简单。宛如沙漠中泯灭在路途的潜流河一样,宛如这从地面上消失的十万平方公里罗布泊一样。

这样的历史叹喟不独对楼兰,还对我这次大西北之行的另一个所在另一处陈迹。这就是西夏王国。

西夏曾经是中国历史上一个重要的割据王朝。它的都城在银川。银川那时候称兴庆府。西夏王国的强盛时期是在北宋。那时,它与北宋对峙,西夏王元昊和韩琦、范仲淹领军的北宋军队,曾有过几十年的战争。那时西夏的国土,以富饶的河套平原为中心,向四周辐射,陕甘宁青新和内蒙古的一大部分,都曾经并入它的版图,它的疆界甚至到达敦煌。

西夏王国后来为成吉思汗所灭。成吉思汗为攻克兴庆府甚至搭上了自己的性命。或者说，一代天骄成吉思汗最后竟然是死在西夏王国的都城兴庆府城下的。

成吉思汗的大军，围攻兴庆府半年有余，面对城内的顽强抵抗，丝毫没有办法。不能让这小小的兴庆府绊住成吉思汗征服亚欧非大陆的铁骑的脚步，于是乎，成吉思汗本人亲自冒着危险上前督战。这时，城中箭矢如雨，一枚利箭射穿了成吉思汗的胸膛，这位伟大人物倒在血泊中。

成吉思汗在经过一个月的短暂养伤后，不治而亡。攻城的元军隐瞒了成吉思汗死亡的消息，继续攻城不止。守城的西夏王室这时候并不知道成吉思汗业已死亡的消息，如果知道的话，他们一定会殊死抵抗的，说不定还会倾满城军队出城一搏的，如果真是那样的话，一部中国历史，甚至一部世界历史，其中许多章节都要重写了。

西夏王国提出了议和，议和的条件是元军入城后不从事杀戮，并承认西夏王国的存在，那时西夏王国将降格为元的一个附庸国。元军很爽快地接受了西夏王室的议和条件，因为元军这时候也已经是主帅丧失，攻击力处于强弩之末状态。更兼成吉思汗战死的消息，一旦泄露出去，谁知道内部、外部都会发生些什么情况。

元军戴孝入城。愤怒的元军屠城七日，将兴庆府这个黄河河套平原上的富饶都市从地图上抹去，将西夏这个民族从中国历史上抹去。如此这般以后，还觉得不解恨，又赶往贺兰山下的西夏王陵墓区，将西夏国六七位先王的尸骨从坟墓中挖出，暴尸荒野。

一个披着神秘面纱的民族就这样灭亡了。他们是从哪里来的，又到哪里去了，没有人能做出解释。即便，那血腥杀戮中仅存百中之一，

千中之一，万中之一，那么这一份还存在着的，并且在又繁衍了这许多个世纪之后，会繁衍出许多子孙来的。但是，他们消失了，无影无踪。

西夏王国灭亡了，西夏民族灭亡了，西夏王元昊创造出来的那种怪异的文字也灭亡了。

贺兰山下那西夏王陵，如今已经成为宁夏回族自治区一个重要的旅游景点。西夏王不知为什么将他们的陵墓，都筑成些高高的金字塔式的土堆。因此，世人将这些没有了香火祭奠的陵墓，叫东方金字塔。

站在这雄伟的东方金字塔前，面对空旷冷寂的原野，听着身穿红衣服的漂亮的女解说员姑娘在谈这些，你感到像在听一部天方夜谭。

在当年兴庆府的废墟上，现代人建起了银川市。在银川市一栋有些简陋的楼房里，我见到一个叫李范文的老学者。这位老人是目前世界上唯一能认得西夏文的人，他并且编纂了一本厚厚的西夏文字典。

我问他是如何认识这些古怪文字的，又没有人来教他。李老先生听后，沉吟了半晌，他说连他自己也不知道是怎么揣摸出来的，经过了大半辈子的研究，在占有大量资料的情况下，他突然感到眼前好像冰块融化一样，自己茅塞顿开，明白这些古怪字体的意思了。

我问他能不能将它们读出声来。让这些死去的文字，重新从活人口中复活，从而让我们领略那古老的声音，那该是一件多么有趣味的事情。但是李老两手一推，遗憾地摇了摇头，他说不能发出它们的声音。

李范文先生是哪里人？是祖籍宁夏人吗或是别的地方的人？我遗憾当时没有问他。不过我觉得，能无师自通地认得这种消亡了的文字的人，他一定和那个消亡了的民族、消灭了的王国，冥冥之中有什么联系。

曾经横行天下的斯巴达克式的陕北英雄李自成，他就出生在陕北米脂的李继迁寨。李继迁是谁？李继迁是李元昊的祖父，是西夏王国的第一位皇帝。

是西夏的遗民后来逃到了陕北，建起李继迁寨，然后有了后世的李自成吗？或者是，西夏的王族们原先就在陕北，他们居住的那地方就叫李继迁寨，而后来，为求发展、为离中原统治中心远些，于是他们迁往宁夏，而在兴庆府兵祸以后，残存的西夏遗民们重返故土。

清朝的米脂人高汉土写过一首《李自成咏》，那诗说：姻党当年并赫扬，远从西夏溯天潢，一朝兵溃防株累，尽说斯儿起牧羊。

李自成的远祖是从西夏迁来的牧羊人，是西夏国开国皇帝李继迁的后人。这个推论不独存在于民间，本是被许多读书人共识的事。

那么，李继迁→李元昊→李自成→李范文，他们之间真有一种什么联系吗？我们不得而知。

而那李继迁，他又是何出处呢？这个西夏王朝，和南北朝时期五胡十六国之一胡，曾雄踞陕北修筑过着名的统万城，占据过延安占据过西安的大夏王赫连勃勃，会不会有些血脉方面的联系呢？

而大夏王赫连勃勃，据学者考证说是王昭君的后裔。

一部中亚细亚史，扑朔迷离，雄奇瑰魈，充满了一个又一个永远无法揭开的谜。而我们这些后来人的无凭想象，也许与实际距离很近，也许谬之万里。

叙述者谈蒙古族。蒙古人种是亚洲的基本人种。西安半坡母系氏族遗址前的少女雕像。杨振宁博士的不满。成吉思汗陵塞的神奇传说。

成吉思汗是蒙古族人民的骄傲，亦是全体中华民族的骄傲。这块

大地上的中国人有一度都曾经成为他的臣民。一部中华民族的文化史，它的文化传统是由两部分组成的，一是农耕文化，一是游牧文化，这两种文化的相互交融，相互促进，构成了蔚为壮观的东方文化景观。

蒙古族亦是伟大中华民族的一部分。

而蒙古人种则是亚洲的基木人种。这个知识是诺贝尔物理奖获得者杨振宁博士告诉我的。西安半坡有一处六千多年前的母系氏族村部落遗址。这里后来经考古工作者挖掘，建成博物馆，郭沫若题名半坡遗址。

在这里出土了人类的第一件乐器埙。据说这乐器最初的用途，是为了求爱。求偶的男子站在部落那深深的鸿沟之外，吹动埙，埙发出呜呜咽咽的声音，于是相爱的女子便风一样地从村子里跑出来了。在人类那苦难的寂寞的漫长岁月中，这呜呜咽咽的埙声释解了他们的痛苦，给岁月平添了一层玫瑰色。

在这里还出土了一种形状奇怪的陶瓶。这瓶子像女人的胴体，底下小一些，到上边时缓缓变大，齐到胸部时突然鼓出。再到脖颈地方，又变小了。上面则是一个小小的口。据说这瓶子是出门在外，从事渔猎或部落战争时的男人们带的。据说这瓶子扔进水里以后，它可以汲得大半瓶水，但是永远不会沉到水底。

半坡遗址的前面，筑了一个东方少女的雕像，那少女楚楚动人，少女的肩上，正扛着这样的一个瓶子。瓶子里经年累月，有一股涓涓细流从瓶口流出。

杨振宁博士有一次陪外宾来参观，他在雕像前沉吟良久，对博物馆负责人说，这雕像不对，少女太苍白柔软，那时的半坡少女不是这个样子的。那么六千多年前的半坡少女是个什么样子的呢？博物馆负责人迷惑不解。杨博上于是进一步解释说，她的骨骼应当大一些，脸庞应当丰满一些，就是那个样子——鄂尔多斯台地。它是亚洲人种最初发祥的地方，蒙古人种是亚洲的基本人种。

博物馆负责人大约并不太信服杨博士的话。或者说这杨博士毕竟不是他的直接领导，故而可以不听。所以那少女雕像至今还没有换。据说，杨振宁后来又来过一次，见这雕像没有修改，博士拒绝参观，扭头就走了。

成吉思汗的陵墓修在内蒙古伊克昭盟伊金霍洛旗，距宁夏兴庆府大约有三百公里之遥。在重重叠叠的大沙山之间，出现一片天高地阔的绿茵草地。草地的尽头有三座金碧辉煌的蒙古包建筑，这就是成陵。

我曾经许多次的拜谒过成陵。当顺着那长长的台阶拾级而上，一步步地走近这凯撒大帝式的人物时，你自己也突然感到自己博大起来，胸中充满了一种英雄的感觉。

在蒙古族的传说中，成吉思汗是死在战场上的。伴随他的死亡，有一个十分美丽的传说。据说，战争正紧，部队正在大奔袭中，于是士兵将大汗就地掩埋，队伍则继续向中亚行进。茫茫的荒原上，没有任何标志可以辨认，于是为了能在胜利归来后找到大汗的遗骨，士兵们宰杀了一头母牛的牛犊。第二年，青草发芽的时候，胜利归来的士兵们，赶着母牛在草原上寻觅，终于，母牛转悠到一块青草茂盛的地方，呜呜地哭起来，不愿意走了。这地方正是去年宰杀牛犊的地方，亦正是大汗安寝的地方。于是士兵们将大汗的尸骸挖掘出来，在这里就地起陵，盖下这座陵墓。并派一队士兵世世守陵。

关于成吉思汗陵，还有一条秘闻。日本人打过来的那些年头，当时的中国人曾经将成吉思汗的灵柩，悄悄地从成陵里运出，途经陕北，放进黄陵县桥山的黄帝陵园里，秘密保护。直到抗日战争胜利结束，

灵柩才重新运回成陵。

本节专谈一个颇有争议的历史人物，这个人物是李陵将军。李陵兵败匈奴的客观因素。司马迁的无益的辩护。司马迁被处宫刑。李陵的三千降卒，后来成为一个黑头发黑眼睛的西域民族——柯尔克孜族。叙述者对李陵这个悲剧人物的深刻同情。

以罗布泊为圆心画一个大圆，它恰好在亚洲的中心位置。当然，如果再要求更为精确的话，这个中心点在乌鲁木齐市郊永丰乡包家槽子村，即距罗布泊约二百公里的地方。

在遥远的楼兰年代里，伴随着罗布泊的潮涨潮落，水盈水亏，这里饰演着一幕幕的历史大剧。英雄美人们列队走过，驼帮马队披星戴月，田园牧歌不绝于耳。在男儿何不带吴钩，收取关山五十州的悲壮情怀里，汉天子的穷兵黩武政策造就了多少英雄。李广、李广利、霍去病这些名字，如今还不时地从史书上跳出来，招惹我们的眼目，而开通西域的第一人张骞，那个在贝加尔湖畔牧过十九年羊，创造出鸿雁传书故事的苏武，则更成为一种建设性的历史人物，为今人称道。

但是面对这块迷蒙混沌的天，这块盐碱沙粒胶作的土，最让我痛心彻骨地怀念的，却是一个叫李陵的败军之将，一个失败了的英雄，一个在生前和身后都蒙受污垢的人，一个有国难投有家难奔、像游魂野鬼一样在中亚细亚这块广漠上游荡了两千年的一个人。

李陵是汉武帝时代的人，是司马迁时代的人。汉武帝令李广利为征匈奴的主力军，令李陵率军为副。这李广利是汉武帝宠妃李夫人的兄弟。征战途中，李陵所率的部队为匈奴包围，而李广利见死不救，李陵无奈，只好率兵投降。

当时同与李陵在朝廷做官的司马迁(李陵为侍中,司马迁为太史令),上表为李陵辩解,结果惹怒了汉武帝。司马迁上表的原因,仅仅是设身处地,为李陵的降敌辩解而已。汉武帝原想借征匈奴而使李广利立功封侯,因此疑心司马迁为李陵辩护是攻击李广利。

司马迁因此获罪而被处以宫刑,也就是说被割去生殖器。蒙受奇耻大辱的陕西韩城人司马迁,将屈辱藏在心头,用他的残缺之躯经十余年呕心沥血,完成了他的煌煌大作《史记》。

历史就是这么奇怪,假如没有李陵的降敌,也就没有司马迁的宫刑,那么也就没有司马迁的蒙垢含羞、发愤疾书。当然《史记》也许会有的,但它肯定不会像我们今天所看到的文笔如此犀利老辣,思考如此严肃深沉,想象如此吞天吐海,遣词造句如有神助。它是司马迁这位奇男子蘸着自己的血泪写成的啊!

如果没有这一切,它大约会像《汉书》,尽管也翔实,但是平庸,缺少叙述者的主观激情。

你看,中亚细亚荒漠中的一个战斗故事,竟如此深刻地影响了中国的历史和中国的文化史。《史记》时至今日,还当之无愧地是中国的第一书。它作为史学巨著和文学巨著所提供的典范,值得世世代代学习。

李陵不知道有墓碑没有?大约是有的!因为在北宋杨家将的传说中,杨老令公就是在金沙滩兵败,担心被俘后受辱,一头撞死在李陵碑上的。慷慨悲凉的秦腔唱词中这样唱道:

老令公李陵碑前把命丧,只留下六郎在此保宋朝。

金沙滩如今安在?李陵碑如今安在?

站在罗布泊这高高的雅丹上,我问历史,我问岁月,我问苍天和大地,但是我听不到回答。眼前唯见黄沙漠漠,盐翘高耸,残阳如血,冷

月似钩，千年的死胡杨兀立不语，死去的红柳在风中飘泊游走。

倒是有一座活着的李陵碑，如今正矗立于这块中亚细亚地面。高耸于罗布泊、塔克拉玛干大沙漠以南，昆仑山以北。它就是当年李陵麾下的那三千降卒。这三千降卒历经两千年的岁月，如今已经在这块地面繁衍成一个民族，这个民族成为中华五十六个民族大家庭中的一个成员。

这个知识是我的好朋友，诗人、散文家周涛先生告诉我的。周涛曾长期在喀什生活过，现在在乌鲁木齐居住，是新疆军区创作组的组长。我曾经在一篇文章中，称他是横亘在祖国西北边陲的一座奇异的山峰。

周涛先生推断说，现在的柯尔克孜族，很可能就是当年李陵那三千降卒的后人。感情炽烈的诗人，称这个黑头发、黑眼睛的民族为李陵将军活着的纪念碑，他还面对浩瀚的历史，为这位失败了的英雄，这位生前和死后都承担重负的人，发出长长地一声同情的喟叹。

电影《冰山上的来客》中的那个帕米尔高原哨所。阿米尔和古兰丹姆重访哨所。《花儿为什么这样红》是一首塔吉克民歌。举一反三，叙述者联想到音乐界某些人对王洛宾老先生的诘难，对《好汉歌》作者赵季平先生的诘难。等等。

就在我们这个摄制组在罗布泊勾连的时候，另一个摄制组则西上帕尔米高原拍摄。那里鸡鸣四国之誉的卡拉苏，有一个五〇四二边防哨所。五〇四二是这个哨所的海拔高度。哨所因海拔高度而名。电影《冰山上的来客》故事，就发生在这个哨所。或者换言之，是发生在帕米尔高原的这一带，因为电影毕竟是一门虚构的艺术。

魏导带去了《冰山上的来客》中阿米尔和古兰丹姆的扮演者，和五〇四二哨所的士兵们联欢。古兰丹姆的扮演者现在是新疆纺织厂的一名退休女工。她已经老了，但是她有女儿，在联欢中面对战士的提问，她说她希望自己的女儿能嫁给一个边防战士。

这里是另外一个民族，它叫塔吉克族。

魏导他们在这里，有一个重要的发现。他们发现电影《冰山上的来客》中的插曲《花儿为什么这样红》，原来源出一首古老的塔吉克民歌。

一个顺着丝绸之路为商人们赶脚的塔吉克青年，来到阿富汗的时候，在喀布尔城中爱上了一位公主。这当然是一场悲剧，尽管两个青年人两情相悦，但是，阿富汗王绝对不会把自己的金枝玉叶，嫁给一个一文不名的流浪汉的。

失望的青年抱着他的热瓦甫，顺着古丝绸之路继续流浪。他把他的思念，他的凄凉的歌声唱遍了所有路经的地方。最后他倒毙在了路旁。但是他的歌声像长了翅膀一样，在这块地面飞翔，最后竟然传唱到了他的帕米尔高原故乡。这个名曰《花儿为什么这样红》于是成为塔吉克人的一份重要文化遗产。

第15章

魏导将原唱录了像。他说原唱比经过改编后的电影插曲更动人。

电影插曲《花儿为什么这样红》的改编者是著名作曲家雷振邦先生。我对这位曾在过去的年代里带给我们许多欢乐的音乐人充满了敬意。而在得出了这歌曲的出处的今天，我的敬意依然如旧。

我认为这不是剽窃，而是借鉴，是将一块埋在地下的珍宝挖出来，擦拭一新给人看。在中国的广袤的土地上，俯首皆是这样的珍宝。可惜盲目不识的人太多了。一则外国谚语说得好：面对满地的鲜花，马看到的只是饲料。

我在罗布泊的这些日子，新闻媒介正在对《好汉歌》是剽窃还是借鉴这件事吵得纷纷扬扬。据说，赵季平先生起诉到法庭，状告《羊城晚报》和那位说《好汉歌》是剽窃河北民歌《王大娘钉缸》的某教授。

虽然我并不赞成赵先生告状，但是在纯学术的领域里，我是坚定地站在赵先生一边的。在离开西安，前往罗布泊前一天晚上，我还写过一篇文章。文章的标题叫《善者不辩辩者不善》，副标题叫《向赵季平先生进一言》。

在文章中我说，我觉得从一首濒临死亡的地区性民歌中取些音符，脱胎换骨成万人传唱的《好汉歌》，这是赵先生的劳动，亦是赵先生才华的表现。

在文章中我列举了一系列的例证。第一个例证是王洛宾老先生的。我说如果没有王洛宾笔下那些从西部民歌中脱胎出来的浪漫歌曲，本世纪中国人的路途将会多么寂寞呀！

第二个例证是李季的。十多年前陕西电视台拟拍《王贵与李香香》，邀请我当策划，我一翻原书，发现里面的句子，约有百分之五十都是陕北民歌歌词。例如月亮落时还有一口气，太阳出来照尸体等等。李季的作用，是将这些民间创作，用一个革命加爱情的故事连缀起来。在这里我认为艺术家这样做是无可厚非的，是他长期在陕北生活时生活给予他的馈赠和报偿。

第三个例子是《水浒》传。《水浒》也是先有了《荡寇志》，先有了口口相传，不断加工完善的梁山一百单八将故事以后，才由一个叫施耐庵的穷秀才集结大成，创作成书的。可惜那时候没有教授这个职业，因此也就没有人站起来指出，因此让施大爷轻轻易易地溜过去了。

第四个例子是《图兰朵》。那几日，中央电视台正放两个《图兰朵》，一是张艺谋的洋歌剧《图兰朵》，一是魏明伦的地方川剧《图兰朵》。是外国人在几个世纪前剽窃而去的中国传说吗？是张艺谋在玩出口转内销吗？是魏明伦又在剽窃张艺谋吗？没人说。

第五个例子是俄罗斯现代文学之父普希金的《叶甫盖尼·奥涅金》。这个诗体小说明显的是借鉴或曰剽窃拜伦的《唐璜》的，连我这个第三国的人在阅读中也明显地感觉出来了，而在当年的俄罗斯，亦是一片剽窃的嘈杂之声。但是正是在这种嘈杂声中，俄罗斯文学一夜之间从孱弱小草变成参天大树，拜伦式的忧郁在穿上俄式开领衫以后，一变而为著名的俄罗斯多余的人的形象。

现在在新疆，我则找到了第六个例证。这就是《花儿为什么这

样红》。

当我们一个摄制组在罗布泊，另外一个摄制组在帕米尔高原的时候，其余两个摄制组，一个正在青海的玉树果洛，拍摄藏族兄弟一年一度的赛马会，一个正在陕北的黄陵县，拍摄轩辕黄帝的那棵手植柏。

拍摄轩辕手植柏的吉导，手中拿着一份海外出版的报纸，那报纸上有一位旅居海外的爱国人士写的文章。文章说，如果大陆和台湾，找不到一个适合举行会谈的地方的话，那么他推荐一个，这个地方就是黄帝陵，就是轩辕手植柏树荫下。

一切的思考皆因罗布泊而起，因此罗布泊似乎才是叙述者应当更多谈论的话题。下面将用几个章节，谈罗布泊的未解之谜。这一节谈的是罗布泊的消失；罗布泊的干旱；奇异的雅丹地貌；楼兰古城；丝绸之路。

罗布泊是一个大神秘。仅就它的昨日波浪拍天，万顷一碧，今日又黄沙漫漫，盐翘高耸而言，它活像一个有着百变面孔的怪兽。仅就它地狱般荒凉的地表，永远死气沉沉的天空而言，它活像造物主为我们所预兆的地球末日的情景。而它又像一个神秘莫测的险恶有加的地球黑洞，无情地吞噬着送到它口边的生物和类生物。“塔克拉玛干”一词就是进去出不来的意思。至于围绕它而展开的那一幕幕历史大剧，那一个个天方夜谭式的传说，则更令人神秘和迷惑不解。

卓有建树的罗布泊研究专家奚国金先生，曾将罗布泊之谜归纳为十一条。这十一条罗布泊之谜是：

第一条：这个曾经波涛汹涌、仪态万方的罗布泊，它因什么原因出现，它又因什么原因消失。

第二条:这里是中国最干旱的一隅。罗布泊地区位于新疆东南,深居内陆,远离海洋,高山阻挡了外来气流,为极端的大陆性气候所控制。因此这里极端干旱少雨,年降雨量也只有一十六毫米,年蒸发量却在三千毫米以上。因此,罗布泊地区成了中国最干旱的一隅。

第三条:奇异的雅丹地貌。罗布泊四周这些奇异的雅丹是如何形成的,鬼斧神工吗?天造地设吗?

第四条:楼兰古城。它在历史上的耀眼夺目。它的沙埋千年。它在十九世纪末叶被瑞典探险家斯文·赫定的偶然发现。围绕楼兰古城一百多年来越谈越多,越多越令人惑然不解的各种话题。

第五条:丝绸之路。丝绸之路是古代连接东方和西方的经贸大道。罗布泊近旁的楼兰是连接丝绸之路的枢纽。古代的商人们曾经踩出过三条道路。第一条叫丝绸之路南道,出阳关走小路经若羌、且末、于阗西行。第二条叫丝绸之路中道,出玉门关过疏勒河谷地折西北过罗布洼地,经楼兰后顺库姆河西行。第三条就是走内蒙古额济纳旗,走天山以北的丝绸之路北道了。而中道的楼兰道是主道。在历史上,楼兰曾经因为丝绸之路而繁荣,丝绸之路亦因为楼兰而繁荣,然而,绮罗转眼成旧梦。曾经熙熙攘攘,走马灯一样来来往往的这条古道上的商贾驼队,曾几何时已经沉寂,只有那古道上当年修筑的烽燧鄂博,还两两相望,孤独地矗立在地平线上。丝绸之路这条古道,曾带给中华民族太多的东西,巨大的物质财富,重要的政治与文化因素,在那海路尚未开通的年代里,它是这个东方古国和西方接触的唯一途径。丝绸之路的繁荣时期是在汉,鼎盛时期是在唐。丝绸之路使那时的古长安成为财富堆砌之地,中西文化并存、胡汉杂居之地,使古长安成为与古罗马并称的世界级大都市。丝绸之路的逐渐为黄沙所淹,路断人稀是在宋,那时我们已经很少有丝绸之路的消息了。随着海上贸

易的开展，丝绸之路逐渐失去了它的价值，政治中心也随之东移，而将古长安逐渐交还给历史。

时至今日，古长安城已经被历史的潮汐远远地搁浅在岸边了。面对空空荡荡的阿房宫遗址、未央宫遗址、大明宫遗址，我这个西安市的居民，曾经在一篇文章中发出这样的哀叹：

两千年前，古长安就是与古罗马并称的世界东西两端的两个大都市，而二百年前，上海仅仅是黄海岸边一个倭寇出没的小小渔村，而二十年前，深圳仅仅是边境线上的一个荒凉小镇。然而如今，在上海和深圳这些高速膨胀的经济动物面前，西安是大大的落伍了。它窘迫、封闭，像风烛残年对镜而泣的贵妇人。

李柏文书：一条现代人制造的罗布泊疑案。怯卢文：或许是解释罗布人来历的另一把钥匙。

第六条：李柏文书。奚先生将李柏文书，作为他的罗布泊之谜的一个谜。啥叫李柏文书？李柏是一个人，是当时的西域长史。所谓的李柏文书，是这位西域长史写给当时的焉耆国王龙熙的信函。这些信函包括两封相对比较完整的信稿和五块残片。信稿是写在麻纸上的。这是所发掘出的前凉时期简牍中表述的内容最完整的文书资料，反映了当时的一些历史史实和出土遗址的情况。

在罗布泊周围的各种古城遗址中，各国的探险者们，都先后挖掘出许多的残片，这些残片向我们透露出那些遥远年代的信息。它们都具有同等重要的价值。

而李柏文书所以被称为罗布泊热中的一个未解之谜，是由于对它的挖掘地点的确认。它是一九〇九年三月，日本一个叫橘瑞超的探险家，只身一人进人楼兰地区，在一座不知名的古城遗址中挖掘出来的。

楼兰地区有着许多古城遗址，这举世闻名的珍贵文物《李柏文书》是在哪座城里发现的。楼兰城吗？或者别的城。

日本的学者，英国的学者，中国的学者（例如王国维），都先后提出自己的见解，推翻前人的见解，争争吵吵了一百年，但这事现在还没有个定论。

李柏文书当然重要。它对当年中原统治者对西域各国是如何统治和联系的，对当时西域各国之间的关系，对当时那一带的政治人文情况，都是第一手的资料。但是，它的出土地点，真的就那么重要，值得这么多的重要人物，以毕生之力去探个究竟吗？我们是局外人，不了解这些考古工作者们的想法，也许他们这样做有他们的道理。

第七条：奇异的死文字。

在我们以前的年代里，有多少国家，多少民族，多少文化消亡在漫漫时间中呀！我们在前面谈到过西夏文字的消亡。西夏文字毕竟是一条浅浅的仅仅流经过六七个王朝的，并且没有向外扩展和产生影响的文字。

但是在罗布泊及其附近，人们发现了一种奇怪的文字，这种文字叫怯卢文。怯卢文最早起源于古代犍陀罗，是公元前三世纪印度孔雀王朝的阿育王时期，书写印度语中的西北俗语。最早在印度西北部和今巴基斯坦一带使用。公元一世纪至二世纪时曾为大月氏人在今阿富汗一带建立的贵霜王朝官方文字之一，在中亚地区广泛传播。公元四世纪中叶，贵霜王朝为哒哒人所灭，怯卢文也随之在中亚、印度消失了。然而，在三世纪时，怯卢文却在新疆的于阗、龟兹、楼兰等王国流行起来，甚至乎成为楼兰王国的官方文字。

这真是一种奇怪的文化现象。这比如一条河流，在奔流中突然潜

人地下，然后又从另一处冒出来一样。

第一个在这一带发现怯卢文的是一个英国人福塞斯。时间是一八七四年。福塞斯在喀什、叶尔羌、和田一带，搜集到大批古物，这些古物中有两枚汉文——怯卢文合璧的铜钱。因为钱币正中位置铸有一匹马，又因为是在和田一带发现的，所以这种铜钱被称为和田马钱。马的周围则印有一圈怯卢文字，其汉文译意是大王、王中之王，伟大者矩伽罗摩耶婆。

怯卢文的再一次发现者是大名鼎鼎的斯文·赫定，时间已经是二十世纪之初。赫定在罗布洼地的西北侧发现了一个古城遗址。在这个遗址中，赫定的发掘获得了众多珍贵的文物，其中也有大批魏晋时期的汉文文书和一件怯卢文木牍。尤其珍贵的是，在一位汉文文书的背面也写有几行怯卢文。

时至今日，新疆境内发现的怯卢文木牍和文书，总的数量已达到一千多件，尤其是以楼兰，罗布泊地区为多，尼雅地区数量更为可观。木简和文书的内容包括楼兰王国的政治经济、社会生活的各个方面，有国王下达的各种命令，各地地方官和税吏组织生产、交通运输和收取赋税的报告，公文函件，各种契约，簿籍账历和私人信函等。这些文书传达了古代的信息，为研究古于阗国、古鄯善国历史文化和社会发展，提供了不可多得的第一手资料。

也许那每一个正在腐朽的残片，都会成为一篇小说的题材的。那里透露出古代人在处理各种问题时的思维方法，他们在书写木牍时的情感等等。例如在一些来来往往的残片中，就记述了楼兰国王对一个税务官鱼肉百姓的不满、谴责和处罚。

这些怯卢文是如何释读的，它也颇费了一番周折。正如西夏文是一个叫李范文的中国学者释读的一样，死文字怯卢文也是经过许多学者的毕生探究，后来由一个叫普林谢普的英国学者破译的。

在印度孔雀王朝著名国王阿育王的所立的石柱上也有这种古怪文字。同时，石柱上也刻有另外一种我们现在还可以认识的文字。普林谢普将两种文字两两对照，发现它们是同一个意思。这样，怯卢文便被破译了。

怯卢文在它的母国消失之后，在塔吉克青年唱出《花儿为什么这样红》的喀布尔消失之后，怎么又跨越遥远的空间，在罗布泊地区死灰复燃的，这委实是一个大神秘。

神秘的小河流域。时隐时现的千棺之山。叙述者的一次与奥尔得克类似的中亚经历。奥尔得克带领贝格曼寻找千棺之山。千棺之山的美女木乃伊。

第八条：小河流域与千棺之山。

在民间传说中，说在罗布淖尔荒原上，有一个去处叫千棺之山。那是沙漠的深处，那里拥拥挤挤的大沙山，一座挨一座，茫茫苍苍，直接天际。而在沙山之上，排列着密密麻麻的棺材。棺材里躺着高贵的武士、美丽的少女。虽历经数千年的岁月了，但是这些勇士少女们仍面容姣好，栩栩如生。据说在有月光的夜晚，他们会从棺木中走出，歌唱和欢愉。而在太阳出来之前，又重新回到棺木里，安静地躺下。

据说每一个棺木的旁边，都立着一根高高的胡杨树干。从而令这一处地面像一座死亡了的胡杨林。而那雪白的树干，苗条、高耸，像一群踮起脚尖跳舞的美女。

据说，在这疑团四布的土地上，如果你有意识地要寻找这千棺之山的话，根本无法找到它。那些亡灵拒绝任何的来访者。而见过这千

棺之山的人，都是些在迷路的时候，在追猎的时候，在无意之中，偶然与它邂逅的。而这以后，当你存心要专程寻找它的时候，它就又消失得无影无踪。

在斯文·赫定的三十年中亚探险史上，有一个重要的人物是罗布人奥尔得克。这个举止诙谐、行踪不定的卑微的人，曾许多次充当过赫定的向导。楼兰古城的发现，就是这位罗布奇人在充当向导的途中，一次刮大风迷路后，偶然发现的。仅就这一点来说，奥尔得克的卑微的身影，就已深深地嵌入近代罗布泊探险史中了。

奥尔得克的后人在前辈的塑像前

奥尔得克给人说他见过这千棺之山。他说在一个刮大风的日子里，他追赶几峰野骆驼，结果误入了这像桅杆高耸的引魂幡，像船只一样排列有序的千棺之山。奥尔得克是一个见多识广的人，可是眼前的这一片恐怖奇特的景象依然叫他惊骇。同时，奥尔得克又是个满嘴胡说、信口雌黄、想象力十分丰富的人，因此，他的关于千棺之山的惊人阅历，听众们对此也只是信疑参半而已。

如果我当时有幸成为奥尔得克的听众，那么我会相信他的话的。因为我也有过与奥尔得克相似的经历。我曾在中苏边界服役，那位置在距哈萨克斯坦的斋桑泊一百公里左右的额尔齐斯河边，也就是中国地图上那个雄鸡的鸡屁股的位置。

一九七五年的冬天，那一次，不知道是因为什么事，我单人单骑，顺着额尔齐河往下走。河岸上一片连绵起伏的沙包子挡住了我的去路，于是我只好离开河岸。后来，在一片沙丘的下面，平坦的草场上，我看见了黑黝黝的一片坟墓。这坟墓上的标志，不是像奥尔得克的千棺之山一样，树一根高高的树木，而是用圆木堆积成金字塔般的形状。这些圆木是成长方形形状堆砌而起的，牙口咬着牙口，底下宽些，罩住整个坟墓，越往上，则慢慢收口，直到上面，收成一个顶尖。在这干旱的地方，不知经历了多少岁月，木头发黑，发干，黑碜碜的十分怕人。这些木质金字塔的高矮，刚好是我骑在马上的高度。

当我骑着马在这些坟墓中穿过时，不独我，就连我的马也惊骇不已，全身战栗，打着响鼻。这坟墓是属于哪个年代的，属于谁的，哈萨克人的吗？曾经路经过这里的匈奴人的吗？或者是哪一个西北古族的吗？我不得而知。我不知道这坟墓的确切位置，只知道它距离一个叫哈巴库尔干的地方大约西北五十公里。但是后来，当我和朋友们再去寻找它，试图做进一步踏勘的时候，茫茫荒原上，哪有它的影踪。

在赫定最后一次探险罗布泊的时候，当他和他的船队，乘着双独木舟沿着孔雀河顺流而下时，船工突然指着水流的远方，高喊一声野鸭子飞来了！奥尔得克就是罗布语野鸭子的意思，据说罗布人在孩子出生后，将孩子眼中看到第一件东西便叫成他的名字，奥尔得克出生时天空大约正有一群野鸭聒噪着飞过吧！赫定听到船工的喊声，最初还以为是野鸭子飞来了，接着看到，奥尔得克驾着船向他荡来。这样，奥尔得克又一次成为这个瑞典探险家的向导。

赫定对奥尔得克谈到的这个千棺之山很感兴趣，他敏锐地感到那个神秘所在一定会给他带来许多收获。由于赫定此行的目的是重访楼兰古城，于是在一个叫小河的分岔口，赫定与中国学者陈宗器继续前行，而请和他一道来的一个叫贝格曼的人，由奥尔得克带路，去寻找千棺之山。

这条名叫小河的小河，因为此次踏访，亦成为楼兰近代探险史上的一个著名的所在。

罗布泊湖心

因为根据奥尔得克的记忆，他就是沿着这条干涸的、向东南而流的小河故道，遇到千棺之山的。所以，贝格曼一行的这次寻找千棺之山之行，也就是沿着这小河故道的。

他们走了许多天的路程，都未能找到这千棺之山。而路途中奥尔得克的信口雌黄，也使贝格曼觉得这千棺之山之说也许只是奥尔得克的虚构和想象而已。甚至到了后来，连奥尔得克本人也对自己的经历产生了怀疑。

然而有一天，正当所有人的信心和耐心被折磨得丧失殆尽的时候，远方的沙丘之上，突然出现一片高耸的标志。奥尔得克指着那个方向，喊道：我没有骗你，朋友！瞧，那里就是千棺之山。

罗布泊楼兰古城遗址

第16章

探险队一阵欢呼。驼铃叮咚，载着他们向千棺之山奔去。走到古墓群中，贝格曼跪下来，向亡灵们致敬，请他们原谅这不速之客打扰了他们的安宁。继而，他打开就近的一具棺木，于是，看到一位楼兰美女向他微笑。

小河遗址后来被贝格曼称为奥尔得克的古墓群，共有一百二十具棺材，周围标记了一百多根直立的木标。因罗布沙漠极端干旱，墓葬中的木乃伊令人吃惊地完好。一具女性木乃伊，有高贵的衣着，神圣的表情，永远无法令人忘怀。戴着一顶饰有红色帽带的黄色尖顶毡帽。双目微合，好像刚刚入睡，并为后人留下永恒的微笑。

贝格曼推算墓地的年代为公元六百年至一千年，在那时，小河地区有适宜于人类居住的自然环境。贝格曼的许多独到的分析与见解。都收到他的不朽著作《新疆考古记》中去了。

还是在千棺之山延捱，因为那楼兰美人令人久久不忍离去。学者杨镰对小河流域的形成的诠释。杨镰先生对木乃伊出神入化的描写。与贝格曼在千棺之山发现楼兰美女的同时，赫定在库姆河岸边也发现楼兰女尸。

另一位当代罗布泊专家杨镰先生则认为，这个千棺之山的年代距今约有三千年之遥。理由是这些墓葬中竟没有见到一片丝绸，从而让我们推断出，当这些亡灵们还活在阳光下的时候，丝绸之路还没有开通。

杨镰先生还认为，这条小河是一条人工挖掘的运河。因为它独立于塔里木河水系的所有的河流，它有着奇怪的走向，它的两岸也没有通常有的死去的胡杨林，也没有村落的遗址。杨镰先生据此推断说，这运河是一个部落为通向他们庄严辉煌的千棺之山陵墓而挖掘的，这部落当在远处，他们将自己的亡人通过运河运往这神秘之山安葬。而当安葬仪式结束，亡灵已经回到祖先们的怀抱时，活着的人便关闭运河龙口，令河水断流，从而这个墓地就被封闭在一个不容外人侵入、打扰的荒地中了。

杨镰先生还推断出，奥尔得克在那个大风的日子追猎野骆驼时，误闯入千棺之山的时间为一九〇八年。而一九三四年，奥尔得克重新成为赫定的向导，带领贝格曼一行寻找千棺之山时，他的年龄为七十二岁。

杨镰先生称贝格曼所看到的那具木乃伊，有着东方蒙娜丽莎式的神秘微笑，他称那木乃伊为楼兰女王，正如赫定曾称他在楼兰城附近发现的木乃伊为楼兰女王、楼兰情人、楼兰公主一样。

杨镰在《最后的罗布人》中这样写道：一具木乃伊是个年轻美丽的姑娘，就像刚刚着了魔法而睡去，而她面容所浮现出的神秘会心的微笑，使人忘记从她睡着到现今，已有几千年的光阴逝去。由她气质的高雅和她栖身之地的高贵，人们可以称她为楼兰公主或罗布女王。就是这个楼兰公主激发了探险家对未知世界的关心。而楼兰公主本身已经成为楼兰王国神秘诱人的话题。在感悟了星光、月光、日光；在凝

聚了雨露、风沙、春晓之后，她的微笑也具有了感染力。一年又一年，浮沙不愿遮掩她本色的面容；一天又一天，太阳就在她的头顶照耀；一次又一次，朔风就在她的头顶呼啸。她的灵魂早已飘缈在天际，她留给想提醒后人的是永恒的微笑。她眉头微皱，眉梢上挑，也许是责备闯入者不要惊扰她千年睡梦；她牙齿乍露，嘴角轻抿，难道还准备把自己的故事讲述给因爱慕着她，从而即将解除施加给整个楼兰民族的梦魇的王子？杨镰先生的文笔够好的了。因此我在这里也就放弃了面对贝格曼为我们提供的那珍贵的木乃伊照片，进行表述的尝试，而用上面杨镰先生的话叙述和交代。

值得在这里重重一提的是，这个神秘的小河流域，这个海市蜃楼般的千棺之山，自从在罗布奇人奥尔得克一九三四年带领探险家们拜谒过它以后，它便神秘地从地表上消失了。后来的许多贪婪的盗宝人，寻根究底的探险者，都试图找到它，但是都无功而返。直至现在，受这个神秘故事的诱惑，还有人在寻找它，但是它好像已经从地表上消失了一样，无影无踪。如果不是因为有当时贝格曼所拍摄的几张照片，我们甚至会怀疑上面所述的一切只是一件东方天方夜谭而已。

神秘的小河流域，海市蜃楼般的千棺之山，也许会是揭开这楼兰文明、西域文明的一把钥匙。楼兰文明的发生之谜，生存之谜，存在之谜，消亡之谜，也许就隐藏在这一块秘境中。是不是这样，我们不知道。这一切有待于后人揭开。而要揭开的必备条件之一，是小河流域愿意为你重新而开放，千棺之山愿意为你重新而闪现身姿。

就在贝格曼在千棺之山面对一位楼兰美女的同一时间，赫定在则往罗布泊古湖盆的途中，在古河库姆河高高的堤岸上，也发掘出一具楼兰女木乃伊，她们都同样的有华贵的服饰，安详的面容，高贵的气质。而笔者的我，在这次新疆之行中，在乌鲁木齐和吐鲁番葡萄沟，同样见到两位现代美丽的维吾尔姑娘，她们与赫定和贝格曼为我们的叙述（当然再加上我们自己的想象）竟是如此的相似，这件事叫我惊异。我想我是非谈论这个话题不可了。但是，允许我现在暂做停歇，将这个话题放在罗布泊人那一节谈。

马兰原子弹试验基地，也算一个话题。马兰公路。试验场对罗布泊气候的影响。

第九条：罗布泊原子弹试验场。一九六四年十月十六日上午三时，随着惊天动地的一声巨响，一团蘑菇云翻腾着升上罗布泊的天空。中国第一颗原子弹爆炸成功。这在当时是一件大事，对于打破美苏核垄断，确立中国的大国位置，巩固国防，具有重要的意义。从今天看，在历经了许多多事之秋之后，我们仍然庆幸原子弹的爆炸成功，庆幸随后的一系列两弹一星试验，在这个弱肉强食的世界上，谁知道仅仅拥有它，就令我们躲过了多少灾难！

原子弹的第一次爆炸称为五九六工程。一九五九年六月是中苏两党交恶，苏联专家开始撕毁各项协议（包括帮助中国试验原子弹的协议）全面撤离的日子。从五九六绝密工程的命名，我们能想见当时毛泽东主席的愤怒情绪和强烈的民族主义感情。

这以后，罗布泊西北这一块偌大区域，便成为原子弹试验基地，成为戒备森严的禁区。从而给罗布泊的诸种神秘中又加一种。

这地方名叫马兰，所以人们又称试验场为马兰原子弹试验基地。

据说有一条柏油公路直通马兰。从马兰到罗布泊古湖盆，自然近得多了，且少了我们所经历过的道路的危险，颠簸的痛苦。但是走这条路据说是要军区司令员的签条，所以我们连想都没有想那回事。

据说彭加木当年进罗布泊，就是走的这条马兰公路。从报道的情况看，那里是戈壁滩地貌，有沙丘和流沙，有零星的红柳钵，甚至运气好的话还可以找到水。彭加木就是因为找水而失踪的。

原子弹的屡屡爆炸自然也造成了这一块地面的核污染。马兰公路之所以不让外人走，主要的原因就是怕核污染，对你身体有所影响。我们居住的这地方(据地质队讲)离马兰约一百六十公里，这里地质队和石油勘探队在从事爆破和打井时，据说马兰方面曾来人干涉，原因是这里仍在核污染范围之内。

马兰原子弹试验场的建立，对六十年代以后的罗布泊气候和地貌，亦产生了重要的影响。这是不言而喻的事情。尽管所有的关于罗布泊的记述文章中，都回避了这个问题。

再谈彭加木。当年寻找彭加木的士兵张庆林先生的荒诞说法。再谈余纯顺。余纯顺几乎没有进入真正的罗布泊。地质队员面临过的几次凶险。作家毕淑敏对余纯顺之死的看法。

第十条：当是彭加木的失踪和余纯顺的死亡。

一九八〇年六月二十四日，中央人民广播电台在《新闻联播》节目中，突然中断正常播音，改变语气，播出一条《著名科学家彭加木在罗布泊考察时失踪》的新闻。当天包括《人民日报》在内的全国各主要报纸都刊登了这条消息。此后这年的夏天和整个秋季，彭加木和罗布泊，都成为人们议论的中心。记得我当时在一家地方报社工作，报纸曾经为彭加木出过纪念专版。我还为此写过一首诗，诗名叫《我点燃一支罗布麻牌香烟》。当时最叫我迷惑不解的是，在人满为患的地球上，居然还有这么一个地方，能叫人失踪，这真叫人不可思议。小孩子们藏猫猫，总嫌四周的环境太窄狭，渴望能有一个谁也找不到的地方。这地球确实是太小了。

张作家的弟弟张庆林，当年曾作为一名士兵，参加过搜寻彭加木的活动。他对我说，成千上万的解放军战士，排成一个散兵线，手拉着手，踏进一个沙包又一个沙包。他说他们一共趟了三遍，像用篦梳理头发一样，可是没有彭加木的身影。

张庆林坚持认为，彭加木是逃往了前苏联。他说在彭加木失踪时，库尔勒曾停有两架苏联直升机，后来一架载着彭加木飞走，另一架被我拿获。他说当部队在寻找彭加木而疲惫不堪，一无所获之际，传来勃列日涅夫在克里姆林宫接见彭加木的消息。接见时彭加木用的是俄文名字。

类似张庆林先生的这种说法，在谈到罗布泊，谈到彭加木时，我还听见过多次。不过不如庆林说得这样活灵活现，有鼻子有眼罢了。

我完全不能同意庆林先生的这种说法。我认为这说法就像民间传说的杨贵妃没有自缢于马嵬坡前，而是乘桴浮于海，东渡日本去了一样荒诞不经。我希望由于我的这一本书，人们的这种说法应当停止。

罗布泊像江苏省那么大，罗布泊地面几乎没有令人辨认得出的地面参照物（古人云唯以死人白骨为标志也），罗布泊地面也没有导航坐标，因此，飞机根本找不到降落点。此其一。其二，马兰原子弹试验场附近是森严的军事禁区，从它上空飞过一只飞虫，都会被扫描到，更何况是当年敌对国家的飞机。第三呢，库尔勒离马兰还有相当一段距离，彭加木靠步行根本无法穿越这大荒漠。

因此我认为彭加木已经无可置疑地死亡，死亡在他的崇高事业和崇高理想中。

关于彭加木死亡的原因，记得我前面曾经做过叙述，这里再略作陈述一二。

第一，他如地质队张师傅所说，死于黄风暴，遂之为流沙所掩。第二，他如地质队任师傅所说，死于黑风暴，并被黑风暴撕成碎片，整个人体消失。第三，他踩破这罗布泊地面一米五到一米八的薄薄碱壳，掉人下面一百米深的卤水中。

这三种死亡原因，以第三种可能性为最大。

因为张庆林曾向我回忆道，当年他们部队在寻找彭加木时，好几名战士就是掉进沼泽里，旋即不见踪影的。还因为这次和我们同进罗布泊的安导，一些日子以后曾从罗布泊南岸阿拉干方向拍过罗布泊。他说在风蚀雅丹层中，常常可以看到那些镶嵌到黏土层中的人形。这些人形仅剩下一具白骨，直立在黏土层中，一手高举着镰刀，一手提着笼。可以想见，他们是到罗布泊岸边来打草，失足掉进卤水中去了。他们直立的身影连一丝挣扎的痕迹都没有，就这样从地表上消失了。我们的彭加木会是这个样子的吗？很可能是的！

余纯顺是在徒步穿越罗布泊时突然死去的。

地质队的陈总一再强调徒步穿越这四个字。当我说出探险家余纯顺这句话时，他纠正我的话说，罗布泊的余纯顺不是探险家，因为他的行程无丝毫危险而言，无丝毫发现可言。若羌县的有关部门，先在前面开一辆东风大卡车，辗出辙印，并且每隔三公里，埋上面包，矿泉水等。余纯顺只要沿着车辙走，顺顺当当地就走出罗布泊了。只是他走到六十八公里时疏忽中离开了辙印，而在离开辙印之后，心中焦虑，说不定还要加上恐怖，于是心脏病突发死亡。说余纯顺是从事考察这句话也不准确，因为对于罗布泊的地表，罗布泊的地下，古罗布泊，现代罗布泊，余纯顺基本上是一无所知，所以说考察二字亦是无稽之谈。

在说了上面一席话以后，这位年轻地质工程师沉吟片刻，说：

余纯顺是徒步穿越，这比较准确，因为他确实是一步一步走的，而在此之前来的人都坐车，骑马，骑骆驼，靠这些交通工具代步。

陈总还说，余纯顺可以说几乎还没有进入真正的罗布泊，他只是即达罗布泊边沿的沙丘而已。

罗布泊的盐翘与柽柳

第17章

我能理解这些地质队员们的心情。被媒介炒得沸沸扬扬的这些事情这些人物,在他们看来是稀松平常,因为在罗布泊进进出出,就是他们的工作,而且说一句公允的话,地质队员所冒的生死危险,较之彭加木,较之余纯顺,都要大得多。

司机老任说过这样一件事。他说那一次他开着车,往罗布泊深处去为一个勘测点送饭。行走间车坏了,于是他把车丢在那里,自己背起吃食往前走。辨不清方向,他凭自己的感觉走,一直走到半夜,远方出现了勘测点如豆的灯光,他两腿一软,倒在地上,哭起来,第二天早上,勘测点的两个人发现了他。后来他们回去找汽车的时候,计算了一下,司机老任一共走了六十公里。

技术员小石还向我谈过这样一件事。

那一年初冬小分队撤离罗布泊时,留下两个人守在这里的一个样井旁边,以便考察冬季罗布泊卤水的水质变化。这两个人是民工,每月付给他们一千元工资。两个民工小伙子问地质队什么时候回来,他们回答说,一个礼拜吧,最多半个月。罗布泊的冬天根本无法进去,这两个小伙子不知道。

小伙子们在帐篷里待着,开始还抱着希望,每天站在帐篷外边瞭望，后来希望彻底破灭了。两个人说：咱们下棋吧！于是下棋的两个人说，咱们打牌吧！于是打扑克牌。最后他们说，咱们打架吧！于是两个人厮打起来，一个咬掉了另一个的半个耳朵，这另一个则打断了这个的胳膊。

三个月头上，初春季节来了，门外突然传来了汽车的轰鸣声。两个人已经习惯了失望，这时真的汽车轰鸣了，竟傻呆呆地看着，无动于衷。直到汽车在帐篷的门口停下，两人才惊醒过来。跑去坐在汽车上，再也不下来了，生怕地质队这一次再把他们丢下。

小石说，两个民工简直成了野人，他们的头发和胡子罩住了整个脸，嘴里呜拉呜拉地，简直都不会说话了。他们一个劲地哭，哭得惊天动地，发誓就是给再多的钱，也不到这罗布泊来了。

这些普通劳动者们，他们头上没有耀眼的光环，他们的或生或死也没有人去分神注意，但是我觉得，他们更值得令人尊敬。他们的命运、生活、工作是如此深深地和罗布泊联系在一起，他们是真正的现代罗布泊人。每一个去罗布泊去丰富阅历的人都有理由向他们注目以礼。

关于探险家余纯顺的葬身沙海，北京作家毕淑敏也有自己的看法。这位卓有建树的女作家是《中国大西北》片的总撰稿之一，在最初策划阶段时，她、周涛、我以及剧组全体人员，曾经在陕甘宁青新乘汽车转过一圈。

毕淑敏认为余纯顺的死与新闻媒介有关。她说在从若羌县前往罗布泊之前，余纯顺就觉得日子有点不吉利，或者是有一种不祥的预感，或者余那几天身体感觉不适，所以他要求推迟几天再去。但是当时各类媒介（尤其是电视台）已云集若弟，面对大家的怂恿，余纯顺无可奈何，为了不致使大家扫兴，只好违心地踏上征途。

而媒体之所以督促余纯顺成行，据说是因为听说一个外国旅行家代表团也要徒步横穿罗布泊，这样，余纯顺务必在外国人徒步之前，完成探险。中国人要抢在外国人之前拿下这项纪录。

而据说外国人在得知余纯顺的失败后，放弃了这件事。

毕淑敏女士说，她一直想写一篇这方面的文章，谈谈自己对这件事的看法。

不管怎么说，余纯顺死了，死亡令他成为英雄，成为罗布泊长长的殉难者名单中的一位。只要人们谈到罗布泊，就要谈到余纯顺，并向这位徒步探险罗布泊的第一人献上敬意。

作家毕淑敏。毕淑敏对头油产生的奇怪说法。叙述者的一篇叫《五种重要和四种丧失》的文章。

既然谈到这里了，那么我想找一个空子把毕淑敏谈一谈。

毕淑敏是一个好作家，很大气。大气的女人总叫人喜欢。毕淑敏写过一个叫《昆仑殇》的小说，写过一个叫《素面朝天》的随笔，我看过。我还看过她的一篇随笔，叫做《我很重要》。这个随笔说当无数条精虫奔向母体的时候，她是冠军，是最早到达的一位，所以她有了生命，所以她出生，这些玄妙的思考都叫我惊奇。

我是因为这个《中国大西北》和她认识的。她说我的名字像一个乡长的名字，她的名字则像一个居民委员会主任大妈的名字。开始我并没有看出什么，因为我接触过许多负有盛名的作家，结果让我失望者居多。但是随着了解的加深，我发觉毕淑敏是一个实力派作家，很厚重，现在发表的作品，只是她的冰山一角而已。

有一件事情叫我佩服。总导演童宁说，他的头发爱出油，一个星期洗几次，头发还是油腻腻的。你知道毕淑敏怎么说。这位主治大夫说，头发出油多是因为洗得频繁的缘故，头发一感觉到自己油少了，就通知供给部门，赶快提供，这样头油就越来越多，你试着坚持一段时间少洗头，这样头油就会慢慢减退。毕淑敏的说法，真是一种奇怪的道理。不过这道理细细想来却也有它的合理性。

既然谈到这里，那么我把自己在北京写的一篇叫《五种重要和四种丧失》的随笔插到这里。我感到将此文章放在这里挺合适，就像建筑物完工后拆去脚手架时，墙上出现一块砖的空隙，然后建筑工给这里塞一块砖一样。

下面便是一篇叫做《五种重要和四种丧失》的文章。

五种重要和四种丧失

我的生命选择在北京梅地亚中心，看《中国大西北》的样片。席间休息时，女作家毕淑敏说，现在世界流行一种最新的心理测试方法，叫你的生命选择，几天前她的美国心理学导师刚为她做过（毕正在修心理学博士学位）。她问我们愿意不愿意做，如果愿意，这一段休息时间，就够用了。

请拿一张白纸，请拿一支笔。请在这张纸上，写上五种你认为最重要的东西。不要犹豫，哪件东西最先浮现在你脑海，你就迅速抓住它写上。不要去做道德评判，要诚实。写好了吗？五种你生命中最重要的东西你都写上了吗？那么，现在请你思考一下，划掉其中不重要的一件。这个划掉的过程就是你丧失的过程。这个丧失是痛苦的，但是你必须划掉。好吧，再划一件。再划一件。再划一件。现在，白纸上只剩一件东西了，这件东西就是你生命中最重要的东西。一个名曰你的生命选择的心理测试就算完了。毕淑敏说。

我给我的白纸上写下的第一件事是烟，之所以写它，是因为我当

时正在抽烟。我给白纸上写下的第二件事是写作，因为我手里当时正拿着笔。我给白纸上写的第三件事是家庭。第四件事是女人。第五件是麻将。

五种重要现在白纸黑字，写在了纸上。确实，这五种东西，于我来说，都是不可或缺，它们简直构成了我生命的全部。但是毕淑敏女士在那里说话了，她要我划去其中的一种，狠着心将它划去，将它从你的生命体中剥离。在这剥离的过程中，你会有一种丧失感。这个丧失会使你明白许多事情！毕说。

第一个，我划去了麻将。这两年，我常常问自己，我为什么打麻将，我为什么要把自己宝贵的生命浪费到这种无益的事情上去。我得出的结论是，这实际上是成年男子面对生活重压的一种逃避，一种自虐行为。再见吧，麻将，当这物什从我体内被挤出后，我心头涌出一股留恋和一种悲怆。

下来再涂一下。我这次涂掉的是烟。对烟，我也同对麻将的感情一样，爱不能，恨不能。在极度疲惫的伏案写作中，烟是唯一伴随我的朋友。我知道抽烟不好。我的爷爷死于哮喘，我的父亲死于肺气肿，这些都与抽烟有关。当划去这一格的时候，一想到自己再也不能抽烟了，我突然产生一种失重感。

接着再涂。我权衡再三，这次涂掉的是女人。年轻的时候，我曾经在自己心目中，塑造过许多理想女性形象。但是如今，随着渐入老境，我明白了一个重要的道理。这道理就是世界上没有圆满，那些惊世骇俗的大俊大美，只是人类的创造，或者说人类的一厢情愿。现在，我将自己的思考在梅地亚中心的这张白纸上做了总结。我涂掉"女人"二字。

第四个涂掉的是写作。其实这些年来，我常常有收笔的念头。这念头的原因是我对文学写作开始处在一个自我怀疑中。文学究竟对社会有多少补益？鲁迅先生将他的手术刀换成一个叫大小由之的笔，究竟值不值得？这几年我一直想这事。社会派给我了一个角色，这角色叫写作者，你得硬着头皮将它扮演好，扮演到直到谢幕的那一天。就像卓别林死在舞台上一样。现在，当白纸上只剩下写作和家庭四个字时，我毫不犹豫地划掉了写作。

家庭两个大字，现在凸现了出来，占据了整个白纸。是的，于我来说，这是最重要的，我生命中的唯一。在人类生生不息的生存斗争中，往上，我继承了父亲，往下，我延续给了儿子，人类的这根链条在我这里得到可靠的延续。记得，小仲马在《茶花女》的演出获得巨大成功之后，打电报告诉他的父亲说，《茶花女》可以和大仲马最伟大的作品媲美。结果，大仲马回电话说：亲爱的孩子，我最伟大的作品就是你呀！

以上是我的梅地亚心理测试。主持测试的是毕淑敏女士。接受测试的除我以外，还有作家周涛、总编导童宁、记者朱又可以及剧组别的人员。

罗布泊大神秘之最大神秘：罗布泊是黄河的源头吗？始作俑者张骞。坎儿井给我们的启示。叙述者的质疑。

第十一条：罗布泊是黄河的源头吗？

在中国历史上，罗布泊之所以显得如此重要，时时引起当时人们的关注，还基于一个特殊的原因。这就是在官方文件和民间传说中，千百年来，大家异口同声，认为罗布泊是黄河的源头。

即：从昆仑山上奔腾而来的塔里木水系的大小河流，在注入死海罗布泊之后，遇见巴颜喀拉山的阻隔，遂潜入地下，在地下潜行一段路

程之后，从巴颜喀拉山的另一面涌出，形成我们民族的母亲河——黄河，而这黄河如莱茵河之于欧洲，尼罗河之于非洲，亚马逊河之于美洲，恒河之于印度一样，遂之造就了五千年的中华文明。

昆仑山号称千山之祖，万水之源。那个神秘的高处一直带给中原的子民以想象。横贯陕甘宁青新，内蒙古、山西的偌大的黄土高原，据说就是亿万年前，由昆仑山上吹下来的漫天黄土形成的。地质学上将这片黄土层又叫鄂尔多斯台地。昆仑山的触角则深深地嵌入内地，甚至抵达古长安百公里处。秦始皇的堪与秦长城媲美的另一项浩大工程秦直道，就是沿着昆仑山的一条余脉——子午岭山脊而修筑的，而中华始祖轩辕黄帝的陵墓，则建在子午岭的一条支脉(桥山)上。

因此，将黄河的源头再提前，从青海巴颜嘻拉山的北麓那日曲，提到神秘的罗布泊，这样塔里木河就属于黄河流域了，这样千山之祖、万水之源的昆仑山便成为黄河的发源地了。每当我们一想到脚下的赖以立脚的黄土就是从昆仑山上吹下来的，那么门前的河流来自昆仑的想象大约并不算出格。

当初制造这个美丽传说的人是出使西域的张骞。

张骞的说法当然是权威的说法，因为他是凿空西域第一人。所以，司马迁在《史记・大宛列传》中，记录了张骞的这一说法：于阗之西，水皆西流注西海，其东水东流注盐泽，盐泽潜行地下，其南则河源出矣！

我们知道，这里说的盐泽即指古代罗布泊，而河是古代黄河的专称。这段文字明确指出了古代塔里木河注入古代罗布泊后，潜行到青海后，重源复出的情况。

稍后的《汉书・西域传》，则更完善了黄河重源说这一童话。

其河有两源，一出葱岭山，一出于阗，于阗在南山下，其河北流，与葱岭河合，东注蒲昌海。蒲昌海一名盐泽者也，去玉门，阳关三百余里，广袤三百里。其水亭居，冬夏不增减，皆以为潜行地下，南出于积石，为中国河云。

这是黄河重源说的两条经典依据，亦是世人关于罗布泊的最早记载。

是什么原因促使张骞提出黄河重源这个奇怪的说法的呢？当代的一些罗布泊研究者们认为，这主要是出于政治方面的考虑，君住河之头，我住河之尾，大汉与西域是一家人，大家团结起来抵御匈奴，云云。

我不同意这种说法，理由是：其一，那时的政治家还都是些比较严肃的人，还不至于像现在的一些政治家们那样善于说谎。其二，在张骞的匆匆行旅中，他要涉及那么多应接不暇的事情，他不能对这个事想那么多。

罗布泊岸边的风口

我认为黄河重源说并不是张骞的创造，而是当时那些或游牧或农耕的西域古族告诉他的。

因为这个黄河重源说的说法，很像今天的维吾尔人挖坎儿井取水那种形式。记得我在前往罗布泊的途中，在最后的绿洲迪坎儿，就看到当地居民挖坎儿井的情景。

地下本来就有潜流河。挖一口井，让这河水露出来，聚成一个洼。相隔五十米，再挖一口井，让那口井的水流入这口井。这水仍然是在地下潜流。就这样让水一露一隐，一露一隐，在一长溜坎儿井的牵引下，水便从几公里外的沙丘，引到村里来了。

当年，那些游牧者在罗布泊勒马而立时，那些农耕者在罗布泊荷锄而立时，他们大约会用几千年的时间思索这样一个问题：这些水后来流到哪里去了？这种古老的思索宛如六千多年前的西安半坡母系氏族部落的智者，整日面门前的产河，痛苦地思考这河水从哪里来，又匆匆忙忙地到哪里去一样的道理。

这时坎儿井这件事给他们以启示，于是乎他们将这个偌大的湖泊想象成了一个坎儿井，并进一步想象到，这水流潜入地下之后，一定会从另外的地方冒出来。而恰在这时，从高高的山上过来了一群青海的游牧者。他们证实山那边确实有一股水流涌出。于是这个古老的问题有了答案，于是口口相传，黄河重源说为所有的人所接受。

自那时一直到清朝，黄河重源说一直是官方的权威说法。

尽管唐宋元明清以来都曾有过实地的踏勘者，对黄河源头究竟在何提出过疑虑，但是这一说神圣和权威到令踏勘者不能明确地提出自己的异议。甚至于清乾隆四十七年的《河流纪略》，道光二十二年的《嘉庆重修一统志》中，在康熙和乾隆时代已经探清真正的河源的情况下，仍把罗布泊即黄河上源也，潜行地下，其南则河源出焉写于书中。

现在的人们，当然都已经知道黄河是发源于巴颜喀拉山北麓的那日曲，这已是定论。这个定论甚至写进小学地理课本里。

但是允许我在这里存疑，即罗布泊的水，起码是一部分水真的潜行到山那边去了，并成为黄河水的一部分。

记得当我们摄制组在中国的镍都金昌拍摄时，这里正在进行甘肃省声势浩大的引湟入金工程。所谓引湟入金，就是从祁连山底下挖一条隧道，将山那边青海的湟水引过来。这情形和黄河重源说中的潜流河何其相似乃尔。

叙述对罗布泊的一番感慨。这感慨也许只有亲历者才能说出。

罗布泊像一个地球的子宫。不过这是一个年迈的老妪的子宫。它的风情万种的少女时代已经结束。这子宫苍老、干瘪，没有月月如期而至的月经来潮，也没有播种和收获。

而我像什么呢？像一个重访母体的当年的婴儿一样。我惊叹物是人非，我惊叹于这沧海桑田，我惊叹这熟悉中的陌生与陌生中的熟悉。

十一个罗布泊之谜讲完以后，叙述者兴犹未尽。他接着列举一系列的消失。而第一个消失是说胡杨。

其实我觉得，罗布泊留给我们的最大的一个谜，或者说最大的悬念是：在经历了沧海桑田，山谷为陵的变化之后，那些曾经鲜活地存在于罗布泊四周的生命，它们都到哪里去了，它们的归宿如何。

水干涸了，我们知道。水干涸的原因之一是塔里木河的断流，在本世纪的下半叶，生产建设兵团为了浇水灌田，连续在上游修了三个水坝，它们是大西海子水库，乃至二库，乃至三库，从而令塔里木河距

离罗布泊越来越趋于遥远。水干涸的原因之二则是由于蒸发。在这块宿命的土地上，年蒸发量据说高达三千六百毫米，而年降雨量只有微不足道的十六毫米，罗布泊的空中，仿佛像有一个巨大的抽风机一样，将地表水吸干，又将地层深处的水一层层吸走。

一切生命的消失都与这水的消失有关。

胡杨死了。尽管在维吾尔人睿智的话语中，曾对这绿洲标志以最真诚的礼赞，称胡杨在没有水分供养的情况下，仍然能一千年不死，而在枯死以前，仍然能矗立在大地上，一千年不倒，即便在倒了以后，仍然能玉体横亘千年，而不腐朽。但是，这样顽强而悲壮的生命，最后还是在罗布泊地区基本上消失了。从凶险的鲁克沁小道进人罗布泊的途中，除在迪坎儿绿洲见过胡杨外，之后我们没有再见过胡杨。死去的胡杨也未曾见到。地表上光秃秃的，当年那一片片遮天蔽日的胡杨林仿佛被一场大风刮走了。

倒下一千年不死的胡杨

在塔里木河旧河道上，在孔雀河旧河道上，在开都河旧河道上，仍然还有些枯死的胡杨林，还有一些处于半死状态的胡杨林。我们的摄制组在离开罗布泊以后，曾沿着罗布泊岸边，跑了一圈，具体路线上是从托克逊到库尔勒，从库尔勒到若羌，从若羌到轮台，从轮台到民丰，从民丰到和田，从和田到库车，从库车到于阗，从于阗重返乌鲁木齐。这个路线亦可以说是对塔里木盆地进行的一次巡礼。而在这个巡礼的过程中，留给大家印象最深刻的就是那些死去的胡杨林。

在一个与外界隔绝的地方，塔克拉玛干大沙漠深处，通往牙通古斯的古道上，摄影组曾见过一片大面积的死亡了的胡杨林。这些胡杨林向天而立，从树干到每一个树梢，都完全没有皮，从而雪白一片，宛如经受过一次雷击，一次原子弹爆炸，一次外星人降落一样。处在这样的景物包围中你的恐怖感会油然而生。

摄制组曾在这片大胡杨林里住过一夜。篝火是这样燃着的，陪同的民丰县委的同志，左一枝右一枝从死树上折些小枝条来，再用指甲将这些枝条折成火柴棒粗细，然后用打火机一点，篝火就熊熊燃烧起来了。第二天早晨离开前，将火苗踩灭，再将火堆用沙子盖住。如果在摄制组走后，偶然刮起一阵大风，将火星吹起来，那么这一片胡杨林立即会熊熊燃烧，一时三刻便会从地面上消失。

而在尼雅古城附近，楼兰古城附近，一棵活的胡杨也没有了。摄制组只在许多的寻觅之后，拍下来一些死胡杨的情景。

大量的茂盛的活胡杨林是在水量充沛的塔里木河中段看到的。那里有着蔚蓝色的河水和如俄罗斯画家列宾所画的美丽胡杨林，但是，当摄影机的镜头朝向塔里木河下游时，下游的塔里木河水已被阻拦，而浇灌到戈壁滩上去了。戈壁滩成了一望无际的湖泊。据说，今年浇灌之后，明年这戈壁滩便可以种庄稼。但是代价是，母亲河塔里

木的河道又缩短了一段。

红柳的消失。红柳枯枝上那天蓝色的花朵。通往罗布泊的路途中那滚动的红柳树钵。

说完胡杨，再说说比胡杨命运更为悲惨的红柳。

胡杨的根可以深达地下十米，红柳的根可以深达地下五米，这是在与不幸命运的抗争中，在与恶劣环境的搏斗中，它们发展起来的一种品种优势，也就是它们能在这中亚地面顽强生长的原因所在。

记得我当年挖战壕的时候，曾经挖到地下几米深的地方，仍见红柳一枝小胳膊粗细的主根，还往下伸着。那根会一直越过流沙层，伸到那深处的碱土层里。

罗布泊特有的植物

在没有雨没有雪的年头里，这红柳会像一簇烧焦的枯树根一样，静静地待在一个沙丘的顶上，仿佛是死了。第二年倘若没有雨雪，它仍然这样。但是，如果偶尔有几星雨，它立即便会苏醒，发出针状的叶子，并在一夜之间，枯叶上顶起几朵天蓝色的花朵。

这天蓝色的花朵令人流泪。记得在一次巡逻途中，我曾经跳下马去，感慨万端地望着这枯枝上擎起的花朵。在这一刻我想起一首俄罗斯古歌，那古歌唱道：你的丈夫你的勇士已经长眠在库班河畔，陪伴着他的是他的马刀，大地则做了他的棺材板，一朵天蓝色的野花正穿过他的头颅，开在他的鬓边。

陕西电视台编导黄晋川在罗布泊

第18章

在罗布泊四周，红柳已经十分稀少了。

我们见到的最多的是些死亡的红柳。在与风沙一百年、一千前、一万年的搏斗中，最后总是以红柳败北而告结束。风将它们四周的沙子先一点点地掏空，令它高悬在空中，尔后，土拨鼠再在里面打洞，深入它们的根部，汲吮那最后一点湿气。终于，在一次突如其来的大风中，它被连根拔起了。它痛苦地大叫一声，脱离了大地，然后从此便把自己交给风，开始像猪笼草一样在风中滚动，在大地上流浪。

在我们去罗布泊的路上，每一个风口都有一批这种流浪的红柳钵。它们是什么时候，哪个年代脱离大地的，我们不知道。十万年以前，一万年以前吗，或者就是最近。它们每一个都有与风沙苦苦搏斗过的经历，失败的经历，它们是悲壮的失败者，罗布泊沧桑的见证人。

滚动到最后，枝柯都在滚动中消失了，只剩下来一个头，和一截或长或短的树根。那长的根，想必是被风将红柳钵连根拔起的，那短的根，则是被拔断的。

这些红柳最后的遗骸也就停止了滚动，摊在平展展的沙地上或碱地上。最后的遗骸形状各异，或像一把镰刀，或像一根手杖，或像一架农家用的犁杖。

我们的车有时候会停下来，捡这些东西。司机说，到营盘后用这些东西做引火柴最好。当我们到达罗布泊时，那辆拉着辎重的大卡车上面，张牙舞爪地，装满了这些枯红柳。

这些红柳假如有感觉的话，它们经历了多少苦难、折磨、期待、失望呀！在那旷日持久的搏斗中，哪怕有一片雪飘来，一星雨下来，便会给它们以生的信心和勇气，便可以令它们再坚守上一百年。但是没有，一点的支援都没有。它们最后是深深地绝望了，在把自己的遗骸交给大风的那一刻，它们唯一能做的事情是诅咒人类和蔑视人类。

而人类一分子的我，唯一能做的事情是什么呢？在戈壁滩上，我捡起一棵红柳的遗骸，作为纪念物。这红柳的遗骸像一只梅花鹿那样光洁、漂亮，宛如敦煌莫高窟壁画中那个九色鹿。

罗布荒原上消失或灭绝了的动物。新疆虎。野骆驼。普尔热瓦尔斯基野马。苍蝇。蚂蚁。蚊子。

说了胡杨祭，说了红柳祭以后，那么我再说说那些罗布荒原上已经灭绝了的动物。这些动物较之胡杨、红柳更不幸，胡杨、红柳毕竟还有一些活的同类存在，即使那死了的，还都有遗骸可以留给我们追忆和缅怀，而这些动物已经灭绝，永远地成为了谜。

一百年前，在斯文·赫定初次踏上这片土地时，那时罗布荒原上，还有许多的老虎。这些老虎被称为新疆虎。赫定在他的中亚记述中，曾说到罗布人是如何擒虎的，并说到当他第一次踏入最后的罗布人那个村子时，第二天早上，他的门前蹲着两只五彩斑斓的大虎。一百年后的今天，新疆虎是真正地绝迹了。带给我们的关于新疆虎最后的消息的是杨镰博士。杨一九九〇年前往瑞典斯德哥尔摩，参观赫定故址

时，看到他的办公椅上，搭着一张新疆虎的虎皮。赫定死于一九五二年，他就是坐在这张虎皮去世的。这只新疆虎是在赫定罗布荒原考察时，用药物药死的，那时还没有动物保护这个概念。

还有野骆驼，这罗布荒原上的游走族，它们那飘忽的身影现在也已经从罗布荒原上永远地消失了。传说在罗布荒原上，有六十眼只有野骆驼才知道的山泉，野骆驼就是靠这些泉水生活着的。野骆驼的身影几乎闪现在由此之前所有关于罗布泊的记载中。奥尔得克就是一个猎驼人，正是他在追赶几峰野骆驼时，进入小河故道，发现千棺之山的。在赫定的记述中，我们也找到他循着野骆驼粪，找到一眼泉水，从而活下来了的几次经历。那么没有记载的当更多，在既往的年代里，当一队干渴的士兵，一支负重的驼队，三两零星的旅人，行走在前不见头后不见尾的漠漠荒漠时，眼前那时时飘忽而过的野骆驼，会给他们多少精神的惊喜，又会将他们带到那神秘的泉边。

但是野骆驼已经永远地从这块土地上消失了。据说最后一次见到野骆驼的人是彭加木。考察队发现了几峰野骆驼，于是开着吉普车追赶，有一峰小骆驼终于倒下了，从而被他们拿获。疾如闪电快如旋风的野骆驼，吉普车能追上吗？因此这说法令人生疑。唯一的解释是这些骆驼因为找不到水喝，已经快要倒毙了。

关于这峰小野骆驼的最后归宿，说法有两种，一说是彭加木将自己的那份饮用水，给小骆驼喝了，然后将喝足水的小野骆驼放走了，另一种说法是，这小骆驼后来死了，被放在博物馆里成为动物标本。

也许正是因为见到这几峰野骆驼，才令彭加木产生找水泉的欲望，从而踏上死亡之路的。因为有野骆驼出没的地方，水源一般不远。

那神秘的罗布泊六十泉如今一个也找不到了。大约随着地下水的不断下降，它们也逐渐干涸。赫定曾谈到，有一次野骆驼领着他来到的那个泉子，只是地表上有一些湿土，他们须用铁锹挖上很久，才能见到渗出的淡水。

六十泉的消失，似乎是这个著名的骆驼乐园终结的主要原因吧。

在罗布泊的日子里，我常常想，如果这地方地底下能冒出一股泉水，那么这里要不了几年便会成为一个村镇，如果这泉水再大一些的话，那么这里会成为一个城市，如果再大一些的话，这里便会成为一座楼兰那样的都城。同行的许多人也都这样说。可惜没有水，即使侥幸探出的话，也只能是卤水。

罗布泊野骆驼的头很小，脖子则很长。长长的一伸一缩的脖子上挑一个橄榄果般的头。据说它的头比家驼的头小一半。它的形态则轻盈有如鸵鸟。

罗布泊另一种重要的消失者是普尔热瓦尔斯基马。据说这亦是一种体态娇小的马。一百多年前，罗布泊近代探险史上的先驱者之一普尔热瓦尔斯基一踏进罗布荒原，眼前便奔来这世界上独一无二的野马。普尔热瓦尔斯基向外界介绍了这种马，这种罗布泊野马遂以普尔热瓦尔斯基的名字而命名。

普尔热瓦尔斯基是一位俄国退役军官，他来中亚细亚腹地探险的主要目的是受俄总参谋部委托，为俄国画军事地图。俄罗斯在十九世纪，占领中国从贝加尔湖到黑龙江流域一百六十多万平里的面积，其以火枪与大炮为先导，但在火枪与火炮之先，便是商谍与探险者们以双重身份对中国大地的踏勘。据说他们画的地图精确度极高，不放过每一条头发丝般细小的河流，一处移动沙丘，一座几户人家的村落。从这个意义上讲，普尔热瓦尔斯基是一名间谍。

但是他同时确实又是探险者。正是他对罗布泊位置的错误订正引发了国际地质学上那场有名的争论，引发了斯文·赫定的三十年中

亚探险之旅,引发了许多知名的和不知名的探险家长期在罗布泊勾连。待到赫定偶然间发现楼兰古城后,持续了一个世纪直到今日的罗布泊热,或曰楼兰热,或曰丝绸之路热于是开始。

普尔热瓦尔斯基发现的那种罗布泊野马是一种什么样子的呢?我们只知道它是一种较普通马形体小一些的野马,此外我们一无所知,查赫定的记述,也没有关于这种马的记载,想那时这种野马已经很少了。至于到了后来,再没有人能见过这种野马,它真的是永远地消失了。

消失者还有赫定所见过的那遍地的苍蝇,遍地的蚊子,遍地的蚂蚁。这些低能而又卑微的动物的消失,是在本世纪。赫定初踏这块荒原时,罗布泊的湖岸上,罗布人居住的村落里,乌黑的苍蝇还一层又一层。但是说一声消失,它们就消失了,无影无踪。一想到在库鲁克塔格山山顶,面对那一只苍蝇,大家发一声惊叹,称这是伟大的苍蝇,可爱的苍蝇,再继而对照这罗布泊的苍蝇史时,我们就觉得自己的可笑。

赫定的年代里,罗布泊也是遍地蚂蚁。赫定甚至认为,新疆虎的消失就是与这遍地蚂蚁有关。当老虎生下幼崽以后,这蚂蚁骚扰得虎崽无法成活,甚至把这虎崽吃掉。于是荒原上老虎越来越少了。

罗布泊当年也是蚊子的天堂。这里有水,有条条注入罗布泊的河流,有铺天盖地的芦苇荡,有黑色的沼泽地,这些都令这里成为蚊子的最佳生存地。

想那罗布荒原的黄昏,天空密密麻麻,布满了蚊子。蚊子哼哼唧唧地叫着,在空中挽成一团一团的大疙瘩,令天空不到黄昏时分,就布满了暮色。而在草窝里,水流边,罗布泊人一脚踩下去,只听轰的一声,就像踩着地雷一样,蚊子立即飞起,将这人身上爬满。为了躲避蚊子,野骆驼、野马们跑呀跑,在迅跑中让风把身上的蚊虫吹掉,野猪则在沼泽里为自己涂上一身泥做的铠甲,或者在胡杨树杆上蹭上一身树脂。

由于没有文字的记载,我们无法知道罗布泊当年的蚊子曾经盛行到何等地步,我们只知道那时候这里蚊子极多。我上面的说法仅仅是凭着自己的一点阅历推测的。

我当年当兵的那地方,正是这样一个蚊虫的世界。在这种地方最叫人头疼的事情是解手。你脱下裤子往地上一蹲,立即,白屁股蛋子上被蚊子爬满。有时你燃起一张报纸,趁那报纸燃得正旺,扑哧几下用脚踩灭,然后将屁股蹲在那滚滚的浓烟中,即便这样,屁股上仍难免挨几下叮,火辣辣的痛。

那里有两条从阿尔泰山流下来的小河,一条是界河,一条叫自然渠。它们在边防站的那一处同时注入额尔齐斯河。这样便形成了一片河流和沼泽,一片小小的绿洲,一片小小的芦华荡。于是便有了那可怕的蚊子。

那蚊子现在还在,并且年年欺侮和折磨着我之后的那些守边的士兵。

但是在这罗布泊,蚊子现在是一个也没有了。白茫茫大地真干净。好像是有一股风,将地面的那一切都刮跑了似的。

最悲壮的消失是楼兰城的消失,是罗布人的消失。

画家高庆衍的五次塔克拉玛干之行。老高为我们介绍的楼兰城当年的陪都:伊遁古城。尉屠耆。戍城堡。米兰大寺。

说起消失,较之动物和植物的消失,那最悲壮的消失也许是环绕罗布泊的那些古老城池的消失和罗布人的消失。

我的尊贵的朋友、画家高庆衍先生，二十世纪九十年代以来，曾经先后五次造访罗布荒原和整个塔里木地区，为他的绘画创作积累素材。他最近的一次是先从西安乘火车即达库尔勒。尔后从库尔勒即尉犁，从尉犁到阿拉干，从阿拉干到米兰，从米兰到若羌，从若羌到且末，从且末到民丰，从民丰沿沙漠公路横穿塔克拉玛干，即达轮台，从轮台再回到库尔勒。他说仅这次一个月的行程中，他们的沙漠王子的轮胎爆了四个。

而这次行程的前一次，他走的是塔里木盆地的另半个圆。

那次，老高依然是从库尔勒出发，尔后从库尔勒到库车，从库车到阿克苏，从阿克苏到喀什，从喀什到和田，从和田到民丰，尔后仍然从沙漠高速公路返回轮台，再从轮台回到库尔勒。

丰富的阅历令老高成为一个西域问题专家。而得益于中亚细亚漠风的洗礼，他的描写天山、昆仑山、阿尔金山的作品，描写戈壁与草原的作品，描写胡杨与红柳的作品，都充满了一种沧桑感，达到很高的艺术境界。

我的脚力不够，许多地方我没有去过。中国有一句老话叫过而知之，所以你没有去过的地方你写起它来绝对会有些心虚。好在老高去过，所以我只好求助于老高的补充。

谈起那些为黄沙、为岁月所淹埋的西域古城来，老高可以说是如数家珍。他曾经在米兰农场一位中学教师的陪同下，骑着骆驼去过楼兰古城。他们顺着孔雀河古道那陡峭的河岸，拥拥挤挤的沙包，先到一个叫肖尔布拉克的地方，再从这里进入雅丹地区，最后进入那被西方历史学家和考古学家誉之为沙漠中的庞贝城的古楼兰。

还有且末古城。

还有尼雅精绝古城。

还有交河古城。

还有高昌古城。

还有伊遁古城。

在老高的谈吐中，伊遁古城引起了我的注意。因为这座古老城池与先前我们提到的那个楼兰王尉屠耆有关。史书上这样说着，尉屠耆在傅介子和三十勇士的帮助下，血刃其兄，当上楼兰王以后，恐宫中再有变故，于是上书给汉天子说：

国中有伊遁城，其地肥美，愿遣一将屯田积谷，令臣将依其威重。

这是公元前七十七年的事，当时的汉天子是汉昭帝。汉昭帝在见了尉屠耆的上书之后，认为他言之有理，于是派司马一人、吏士四十人到伊遁城屯田积谷戍军。随着伊遁城的日渐繁荣，汉又在此设立了都尉府。而到了唐代，它又是吐蕃统治时期的军事堡垒。

尉屠耆的名字在这里重新出现一次让我们感到亲切。西域三十六国的历史对我们来说简直是一片空白。而在这片空白中，一个人的名字能两次从历史的深处闪现在今人的面前，这几乎是绝无仅有的事。

伊遁城之名，最早见于《汉书·西域传》。后历代曾称伊修、七屯城、屯城、小鄯善、小纳部城、纳傅波、弥陀、密远、磨朗、米兰等。从魏晋到隋朝，这里都是屯田的重要地区。唐以后因为战争和米兰河改道等原因，该城逐渐衰落。清宣统元年（公元一九〇八年）在米兰地区置密远庄阿不旦村。“民国”初置米兰乡。“民国”三十三年（一九四四年）置米兰保。

本世纪初，英国人斯坦因曾在米兰古城堡掘得吐蕃文书一千多件，这些文书多为唐代之物。据此推测，城堡附近的佛寺毁于唐代吐蕃人占据此城之前。继而，斯坦因又在城堡西一英里左右处的佛塔废墟中发掘出带翼天使壁画以及罗马风格的佛画，这些惊人发现曾轰动学术界，并为罗布人是从遥远的欧洲迁徙而来这一说法提供了佐证。据此，我们又可以想见，古楼兰在历史上曾是东西方两大文化的碰撞之处，曾是世界三大宗教基督教、佛教、伊斯兰教的碰撞之处。而在二十世纪六十年代初，新疆建设兵团农二师勘探队在这里又发现了汉代完整的渠道等水利工程系统和埋在沙漠下的大片条田，又发现了类似的壁画。这些壁画的发现为斯坦因的发现以印证，而条田和渠道的发现，从而确凿无疑地告诉我们，楼兰绿洲文明确实曾经实实在在地有过。

一九七三年，新疆考古工作者在米兰古河道边发掘了唐代吐蕃古戍堡遗址。古戍堡是米兰遗址里一座较有代表性的建筑物。它面临古米兰河道，正当从甘肃敦煌通往阿尔金山北麓的要道。此城堡为一南北宽约五十六米，东西长约七十米的不规则方形，戍堡四角有望楼。城墙用土修筑，下层是夯土，夯土层中夹有红柳枝，上层用土坯砌成，似曾几度改建增补。两墙有两段宽达五至六米的缺口，可能是戍堡的城门。戍墙中间低凹，北部为一阶梯形的大土坡上自低凹处至戍堡北墙依坡盖房。有的房屋挖成穴状半人地下，上部砌以土坯，有的全为土坯砌成，不见门洞，屋为平顶，依地势高低成阶梯形。其构造形式类似西藏拉萨的布达拉宫。

城堡东部为一大型房屋，深达五米，有建筑整齐的墙壁，似为堡中官府所在地。其南面为一高达十三米的土台，土台上立三根木柱，大概为联络设施。城堡东西两侧，排列着众多的佛塔和规模宏大的寺院遗址。据史书记载，我国古代的著名高僧法星，在西去天竺或东归故里的途中，曾在此讲法布道。

正如古楼兰城有一座城徽似的佛塔一样，在这古伊遁城今米兰市，亦有两座佛塔式的遗址，它们被今人称东大寺和西大寺。

东大寺是一座高约六米的两层建筑物。在第一层有 12 米 ×0.6 米 ×2.4 米的龛,龛内尚存半浮雕的菩萨和天王像。其下层四周还存有卷云柱头浮雕,佛殿废墟东侧的建筑上留存大型坐佛塑像和遗弃在地下的大佛头。

西大寺,它以 5.7 米 ×12.2 米的长方形的须弥式基座为中心,外面绕基座置走廊,基座上建有直径三米左右的圆形建筑物。寺院的佛教遗址,无论是姿态生动的佛像,线条简练的衣褶及花纹图案等,都反映了浓厚的中亚艺术风格,吸收并融会了犍陀罗艺术营养,也是早期新疆佛教文化的典型之作。

米兰。最后两个罗布泊人:一百零五岁的热合曼和一百零二岁的牙生。介绍若羌。介绍米兰。兵团的农工。

喀什莫尔的佛塔

世人为什么对古伊遁(今米兰)表现了如此浓厚的兴趣呢?这些年来,随着罗布泊热、楼兰热、古丝绸之路热的不断升温,米兰成为一个热点中的热点。我想个中原因是,既然楼兰古城已经为黄沙所埋,白茫茫大地真干净,那么这个楼兰城当年的陪都(有学者甚至认为楼兰国易名鄯善后即迁都于此)的古伊遁,毕竟其间有许多与楼兰相似相近的地方,楼兰不可及,退而求其次,古伊遁今米兰会成为我们寻找那失落的文明的一把钥匙。

而另一件十分重要的事情是,最后的两个罗布泊人如今就生活在米兰。最后的罗布人的村子阿不旦就在米兰附近。

那两个最后的罗布人一个叫热合曼,一九九九年时是一百零五岁。一个叫牙生,一九九九年时是一百零二岁。

同行的壮士

第 19 章

他们已经很老很老了，像米兰河故道上的那些胡杨一样古老。他们的身上披满岁月的沧桑，眼神中饱含着童稚的光芒和对罗布人的伊甸园阿不旦的眷恋和憧憬。

这里属若羌县境。若羌是中国面积最大的一个县，它的面积据说相当于一个江苏省大。若羌县只有四万人口。四万平方公里的面积除以四万人口，每平方公里只居住着一个人，因此它也是中国境内人均占地面积最多的一个县，或者换言之，是人口密度最稀的一个县。

生产建设兵团三十六团的团部在若羌县的米兰镇。由于有了农垦战士的劳作，米兰成为一座沙海中的绿洲城市。这最后的罗布泊人成为团场一个民族连的农工。

罗布人是在一九二一年离开阿不旦村的。罗布泊新湖——喀拉库顺湖的湖水一天天干涸，迫使罗布人只好一步一步离开那凶险的地方，向后撤退，向塔里木河水系留有一点水的终结处迁徙，而在二十世纪五十年代中后期，随着新疆生产建设兵团的成立，他们被接纳为兵团的农工。

那时的罗布人大约有几十位吧。随着戈壁滩胡杨的枯死，他们也一个一个像胡杨一样纷纷凋零了。最后只剩下了这两位，即一百零五岁的热合曼和一百零二岁的牙生。他们这样的高龄，也是朝不保夕，说不定会有一阵风吹来，他们就走了，最后的罗布泊人也就消失了。这消失如罗布泊的消失，楼兰的消失，伊逦的消失一样，会给历史留下一个谜，会给时间刻下一道深深的伤痕。

102 岁的米兰老人

两位老人都有儿女，但是为什么称他们是最后的罗布人呢？老高对我说，其一，他俩是这个世界上唯一在罗布人的首府阿不旦生活过的人，其二，罗布人在过去的年代里，只在罗布人的部落间通婚，所以身上保留着完全的罗布人血统，而这两位老人，在他们的罗布人妻子死后，后来都娶了维吾尔人的妻子，所以他们的子女身上，只有一半的罗布人血统。

阿拉干地方的胡杨。胡杨又叫三叶树。胡杨种子的飞翔。胡杨有三条命。每年的十月二十五日中午十二点,胡杨的叶子会在一瞬间变得金碧辉煌。

活着的胡杨树的树叶,是在每年公历的十月二十五日中午时分突然变成一片金碧辉煌的。那种金碧辉煌,会让游人感动得流泪。而在此之前,胡杨是拼命地用它吸吮到的一点塔里木河与开都河(一百年前)交汇处的胡杨湿气,为这荒漠绽放一点难得的绿色的。

一九九九年十月十九日下午三点,在翻译的陪同下,画家老高来到三十六团场居民区,拜访了热合曼老人和牙生老人,接着,由两位老人做向导,跨过米兰河的简易桥,进入古伊遁城遗址。

在中亚细亚凄凉的阳光照耀下,米兰大寺,古戍城堡以及整个古伊遁城仿佛被恶魔施了魔法一样,沉睡在沙漠中,沉睡在时间的长河里。

他们穿行在其间。两位罗布老人借助翻译,向远道而来的行旅者讲述那如梦如幻的故事。

罗布人村寨

罗布老人指着西南方告诉旅人，他们就是从那个方向来的，那里是阿不旦，他们的最后的伊甸园。而在此之前，即老高他们这一拨画家之前，热合曼老人还向一位叫杨镰的学者，透露过一个秘密。那秘密是说，在阿不旦之前，靠近罗布泊的地方，曾经有一个老的阿不旦村——那一章我们容后再谈。

在米兰河故道上，有一个叫阿拉干的地方，有一片死胡杨林。这些死去的胡杨狰狞万状，每一棵那扭曲的身影，都向我们展示了它们与岁月抗争的苦难经历和挣扎过程。在这大地上的一切都成为死物，都默然不语的情况下，也许这些胡杨能告诉我们一点什么。于是两个老人领着他们来到了胡杨林。

阿拉干曾经是塔里木河注入罗布泊的入海口，曾经还是塔里木河与开都河的交汇处。但那是清朝年间的事了。如今随着塔里木河被大西海子水库所截，开都河为博斯腾新湖所截，这里已成荒漠，这里古河道上的胡杨林已大面积枯死。

老人告诉他们，在罗布人的语言中，胡杨叫托克拉克。他们来到一棵托克拉克跟前，细细看着。这棵胡杨已经完全枯死。况且，它的皮已经完全被风沙剥光，露出雪白的胴体。然而，在一个枝头的顶端，有手掌大的一块皮，于是，那个枝头竟绽出了几片圆圆的叶子。

站在这样的一棵胡杨下，两位唏嘘不语。也许，此一刻面对这树这叶，他们想起了自己，想起了罗布人的可诅咒的宿命，想起了在罗布人的童年时期的那波涛万顷海天一碧仪态万方稻香鱼跃的古罗布泊吧。指着那两片树叶，罗布老人告诉画家说，胡杨又叫三叶树。它有三种叶子，下面的叶子是细长的柳叶，中间的叶子是枫叶，最上面的叶子是小杨树叶。

胡杨是靠什么延续生命的呢？罗布老人告诉画家说，当胡杨黄色的蘖果成熟时,它就会张裂开来不停地向外喷洒胡杨种子。这些种子全身长满了冠状绒毛,体积则比芝麻粒还小一些。它们借助风,在空中飞呀飞,绝大部分的种子,都在飞翔中因为找不到湿土,而永远终结了生命,只有极少数极少数的种子,侥幸遇到了湿土,于是停下来了。沾在湿土上十几个小时以后,一棵胡杨树就破土而出了。

胡杨有三条命:生长不死一千年。死后不倒一千年,倒地不烂一千年也许是因为风的缘故,说到这里时,两位老人眼睛湿润了。

一轮血红的落日停驻在西地平线上,仿佛勒勒车的大轮子。死亡的胡杨林在暮色中狰狞万状。两位最后的罗布老人在此刻说出了关于胡杨的那著名的谶言:

胡杨有三个命:生长不死一千年,死后不倒一千年,倒地不烂一千年。

五个古今中亚美女之比较。地质学家陈的观点。画家高的遗憾。赫定的楼兰女王。贝格曼的千棺之山的楼兰美女。叙述者眼中的来自喀什的女大学生。吐鲁番葡萄沟的面如满月的女讲解员。画家老高镜头下俏丽的和田美女。

前面叙述者谈到的那两位最后的罗布人热合曼和牙生,是与古罗布人同出一源吗?是古罗布泊打发到二十世纪阳光下的代表吗?或者说那个自欧洲远道迁徙而来的古老种族已经泯灭,正如史书上所说的不知所终,而今天的罗布人只是维吾尔人的一支?

几乎所有的学者和旅行家都持前一个观点,持后一个观点的人只有一个,他就是地质学家、这次随我们一起进人罗布泊的新疆地质三大队的总工陈明勇。

陈先生认为那建立辉煌楼兰绿洲文明的古老的罗布泊人已经消亡，而今天在米兰境内发现的最后的罗布人只是维吾尔人的一支。只是由于长期居住在罗布泊岸边，与世隔绝的缘故，他们才有了与维吾尔人迥然不同的生活习性。陈先生还说，媒介报道说，不久前在今天的鄯善境内也发现了原始罗布泊人，而最后的调查结果，证明这些村落居住的只是从罗布荒原迁徙而来的维吾尔人。

画家高庆衍先生也谈到，在古伊逦城今米兰市的漠漠荒野上，有着许多的古代人类的骷髅。由于葬埋时葬得太浅，故经过风吹沙走，这些骷髅露出地面，散落在荒郊野外。他曾经想拿一个骷髅回来，用画家的眼光予以研究，但是遭到文物部门的阻止。老高说那些骷髅有着高高的眉骨，深陷的眼眶。

我西域方面的知识甚浅，故不敢在这个陌生的领域多嘴多舌。叙述者不过从现有的一点阅历，加上一点历史知识，令我对罗布泊人类的走向有一点心得，或者甚至可以说是惊人的发现。

这个发现或心得是从五个中亚美女那里得到启示的。这五个美女依次是：赫定在库姆河陡峭的河岸上发掘的楼兰美女；贝格曼在神秘的千棺之山发掘的楼兰美女；我在乌鲁木齐市见到的一个来自喀什噶尔的女大学生；我在吐鲁番葡萄沟见到的女讲解员姑娘；画家老高在和田见到的和田美女。

斯文·赫定率领他的豪华旅队，依托罗布泊奇人奥尔得克做向导，顺着滔滔的塔里木河顺流而下，去寻找梦中楼兰。

在从塔里木河转道库姆河之后不久，在一个高高的堤岸上，他们见到一个古墓群。赫定主持挖掘了一个古墓。古墓掘开，一位楼兰美女对赫定露出蒙娜丽莎式的微笑。赫定像骑士一样半跪下来。他跪倒的目的不是为了向她求欢，而是想用手中的速写笔为这位楼兰情人

作者与喀什女大学生

画像。一位叫陈宗器的中国学者适时拍下了这张照片。嗣后，赫定叹息一声，重新用织锦将那光艳千年的俏脸盖上。六十年后，当赫定在他的斯德哥尔摩老家，坐在新疆虎的虎皮上寿终正寝时，他弥留之际脑中浮现的，据说就是这一幕。

就在赫定在库姆古河发现楼兰女王的同时，在小河流域千棺之山，贝格曼亦发现了另一具楼兰木乃伊。那如梦如幻的面孔，那高贵的前额和气质，那雍容华贵的服饰，还有千棺之山那高耸的白杨树干，和神秘恐怖的气氛，曾给这个瑞典探险家留下怎样的感觉啊！这些好像叙述者在前面曾经谈过，这里也就不再赘述。

那位来自维吾尔人的故乡喀什的女大学生，我是在乌市见到的。她叫古拜热木，她的姐夫是安导的大学同学，这样她来看我们。她身高大约一米七二。我之所以这样说，是因为我是一米七〇，而她好像

比我高一点。不过也许并不比我高，因为我们看女人时，往往将她们的身高看得比实际高度高些。古拜热木有着一头金碧辉煌的头发，像秋天的阳光，或者说像十月二十五日中午那一刻的塔克拉玛克干胡杨。她面孔极为白皙，完全是白种人，鼻梁高耸，眼珠如蓝宝石一样熠熠有光。最叫人惊异的是她脸上那恬静高贵的表情，那表情我只在英国女王伊丽莎白的脸上见过。还有她笔挺的前胸和动静有致的举止，这举止只有经过最严格的宫廷训练才有可能获得。诚实地说，正是在面对古拜热木那一刻，我坚定不移地相信了确实曾有过一个古老的欧洲种族曾迁徙到这中亚细亚腹地。

那位葡萄沟的女讲解员，我们亦是在葡萄沟参观时与她偶然相遇。这地方与喀什相比，又是另一个风格迥异的地方，地理位置上这里叫东疆，地处罗布泊西南。高昌古城和交河古城就在吐鲁番境内。那姑娘，长着满月似的一张脸，面皮嫩得像能挤出水来。一双美丽的黑白分明的大眼睛，像大海一样让你担心自己会掉下去。女孩的名字我没有记住，翻译成汉话好像叫月光。我们曾一起吃饭。女孩告诉我，她喜欢上了一个巴郎子，只是不敢给父母说。我对她说，先不要急着说，领那男孩子先到家里走一走，让父母慢慢接受，到水到渠成的时候，再说。

和田美女是画家老高对我说的，并且为她拍照。昆仑山下的和田市，我没有去过那里，我因此而深深地遗憾。从照片上看，那姑娘典型的一个现代美人，面孔微黑，一张俏脸，细长的眼睛，高耸的鼻梁，性感的嘴唇。与喀什美女、吐鲁番美女相比，她显然又属于另一种类型了。

好在有照片在，因此我的那传达不出其中之万一的叙述，能够赖照片而弥补。

总而言之，综合上面的叙述，我想说的是，历史本来就是一笔糊涂账，一切都不必那么当真，我们应当这样认为，即古代那高贵的罗布人，他们在罗布泊逐渐干涸的过程中，一批批、一次次离开，然后逐渐地融入西域各民族中去了，而融入维吾尔人中的居多。

这种融入，正如匈奴人的融入，西夏人的融入一样。他们没有不知所终，人类这一部人的血液，在另一种族的身上澎湃不已，长流不息。

瑞典人斯文·赫定。喀什噶尔客栈中的苍白青年。杜特雷依之死。赫定第一次进罗布荒原。赫定参加普尔热瓦尔斯基与李希霍芬关于罗布泊位置的论战。赫定重踏罗布泊。赫定发现楼兰古城。赫定三访罗布泊。赫定给当时的中国统治者蒋介石的恳切建议。赫定的两本关于罗布泊的书。赫定死于一九五二年。

十九世纪末叶，在南疆名城喀什简陋的客栈里，风吹风走，云聚云散，聚集着一批又一批的外国旅人。这些人各怀目的，有的是踏勘地理，服务于军事扩张目的，正如前脚刚走的俄国退役军官普尔热瓦尔斯基一样。有的是来布道，带着宗教扩张情绪来这里传达上帝的消息。有的是来探险，神秘罗布泊和古丝绸之路，令他们着迷。有的则是来寻宝，克孜尔千佛洞、敦煌莫高窟以及这和田、喀什地面和地下的珍贵文物，都令他们垂涎。

在这些旅人中，有一个来自瑞典的苍白青年。他的名字叫斯文·赫定。他也是怀着青年人的梦想和热情，在中亚热的热潮中，来到这块地面的。有意思的是，这个将来成为普尔热瓦尔斯基对手的人，在此时，正是因为崇拜热氏，并且受热氏罗布泊探险经历的吸引，来到和田的。

有一则法国探险家杜特雷依和他的团队神秘地失踪于去西藏路途的消息，促使这个瑞典青年羁留在了喀什。如果没有这件事，赫定一定会早早归去，离开这荒凉的地方，而不久以后，斯德哥尔摩的充满庸俗气氛的沙龙里，会出现一名听客和说客。赫定将娶妻生子，平庸地度过一生，中亚近代探险史上，将缺少一位重要的人物。

探险家杜特雷依后来被证明是在走到西藏那曲时，为达赖喇嘛所拒，无法入藏，于是折头东回，而在回去的途中，与当地藏民发生冲突，在东藏地区，被藏民在马背上拖了七里路程，最后投入长江源头。

但是赫定的长达四十年的中亚探险经历至此开始。他只身一人，走入了罗布人的首府阿不旦渔村。和那些抱有各种自私目的的探险者不同，赫定的身上有一种高贵的气质。他纯粹是出于一种好奇，一种热情，一种渴望建立功勋的愿望，走入罗布泊。那一年他三十岁。

他在这里见到了清廷任命给罗布人的地方官吏伯克。他在这里见到了新疆虎。这一支奇怪的人类之群引起他深深的好奇和怜悯。那次行旅，他见的并不多，听的并不多，但是罗布泊已经深深印入脑海，也许在那一刻，他明白罗布泊的揭秘这件事将吞没他的青春，他的一生。

当赫定重新回到祖国时，发现欧洲的地理学家和探险家们，正在展开一场罗布泊位置问题的大辩论。辩论的焦点是：中亚探险者先驱普尔热瓦尔斯基认为，中国的武昌府地图所标出的罗布泊的位置是错误的，他曾经到过罗布泊，并且用先进的仪器进行过测量，结果发现中国地图整整误差了一个纬度。

与普尔热瓦尔斯基对阵的是英国资深地理学家李希霍芬男爵。男爵认为，普氏所见到的，只是塔里木河下游紊乱水系中的一个新湖泊，而不是真正的罗布泊，真正的罗布泊应在其北。

赫定带着他的中亚探险成果，也加入到这场辩论中了。他告诉欧洲说，普氏所提到的这个罗布泊，他也曾到过那里，那湖叫喀拉库顺，它的形成才一百五十多年，因此它不是中国史书中国地图上所说的罗布泊；李希霍芬男爵是对的，真正的罗布泊应在其北。

为了印证自己的推测，一八九九年仲夏，赫定又一次踏上中亚探险之路。这时他已经蜚声欧洲，成为地理学界一位颇有影响的人物了。他的这次行程得到了瑞典国王和那个后来设立了诺贝尔奖的瑞典火药商诺贝尔的赞助。这样，赫定踌躇满志，决心深入中国地图所标的罗布泊地理位置，探个究竟。

这次为时两年的探险，赫定最大的收获是，依靠罗布奇人奥尔得克的帮助，他找到了著名的楼兰城遗址。以这建在罗布泊岸边的楼兰城作为地理参照物，赫定向世人揭示，眼前这为黄沙所掩，为盐翘所塞的凄凉荒原，正是罗布泊。

由于楼兰城的发现，赫定在论战中取得辉煌的胜利。他的结论成为定论。

一九二六年冬天，赫定又一次来到中国，不久又开始了他罗布荒原的第三次勘察。他这次来，是受德国汉莎航空公司的委托，为开辟欧亚航线（上海—柏林）作一次横贯中国内陆的考察。而到达中国后，他还接受了中国政府勘察一条通往西域的铁路线或公路线的任务。

这次赫定又在罗布荒原上进行了他的游弋。他又有了许多新的考古发现。他还重访了楼兰古城。而最叫他激动得热泪盈眶的是，由于铁门关地方一个维族女地主拦坝聚水，塔里木河重新改道，水流重新进人古罗布泊。尽管这只是短暂的一件事，但是足以令赫定热泪盈眶了。

第20章

他还在蒋介石召见他的时候，对这位当时中国的统治者提出了警告。这警告是，通往新疆的道路，必须赶快修筑，如果不然，它很可能分裂出去，而从经济角度考虑，穷困的大西北的经济发展，也需要与外界沟通。赫定建议，从长远考察，修筑一条铁路最好，在铁路尚未修通的情况下，先修两条简易公路，一条从北京到内蒙古额济纳旗再到新疆迪化，一条从西安经兰州、玉门、哈密进人迪化。

我们知道，赫定的这些关于道路的设想，后来在新中国都得到了实现。

一九五二年，赫定寿终正寝，病逝于斯德哥尔摩他的寓所，享年八十七岁。生前，他备受殊荣。一九〇二年，他被封为贵族，这是最后一个获此殊荣的瑞典人。一九〇五年，他被选为皇家科学院院士。一九一三年被选为瑞典文学院院士。

赫定身后，关于罗布泊方面的书籍，为我们留下了厚厚的《罗布泊揭秘》和《亚洲腹地探险八年》两本书。后来直到今日的几乎所有关于罗布泊的书，都从那两本书里引经据典，都笼罩在它的阴影之下，从而给人感到仿佛一群秃鹫在啃一具巨人腐尸的感觉。

这两本书对中亚细亚腹地地理风貌的细微知着的观察，对罗布泊和罗布人的弥可珍贵的实录,对当时新疆诸如杨增新、盛世才、马仲英等等政要人物的记述,都令它成为后人还将不断研读的珍品。

这就是一个瑞典人斯文·赫定的故事。

学者杨镰为罗布泊、罗布人揭秘所做出的独特贡献。杨镰笔下被罗布人遗弃前的阿不旦村。老阿不旦→新阿不旦→兵团农工→最后的罗布老人热合曼和牙生→罗布人是如此在本世纪逐渐消亡的。杨镰在热合曼陪同下,踏勘老阿不旦。阿不旦的含义。

杨镰是一位优秀的学者,他是活着的人中,唯一去过赫定当年去过的老阿不旦渔村的人。在罗布现当代探险史上,这应当算一件重要的事。因为是罗布老人热合曼陪他一起去的。要知道热合曼现在已经高龄,这样的机会后之来者已经不可能有了。还因为正是杨镰,以他丰富的罗布泊知识为基础,推断出现代人所知道的阿不旦,并不是赫定当年去过的那个阿不旦。

最后一个抵达新阿不旦的外国旅行家是那个发现过《李柏文书》的日本和尚橘瑞超。杨镰先生在他的《最后的罗布人》一书中,曾试图描绘橘瑞超在这个罗布人首府的情形。

杨镰说:一九一〇年底,橘瑞超由罗布人做向导,抵达了楼兰古城。离开楼兰古城,他也像赫定一样,向南直奔喀拉库顺岸边的阿不旦(玉尔特恰普干)在抵达阿不旦之前的一天,橘瑞超在沙漠中度过了一九一一年的元旦。那夜,给这个天涯游子留下最深印象的是那又大又圆的月亮。望着这沙漠之月,橘瑞超感到凄凉、悲壮,思乡之情使他整夜难以成眠。阿不旦村民早就知道橘瑞超即将到来,他的驼夫本就是罗布人。在阿不旦,橘瑞超受到昆其康伯克的继任人买买提·尼亚

孜伯克的欢迎。这就是阿不旦居民和它的伯克见到的最后一个外国人。

当时阿不旦仅有十一二户常住居民了。这十一二家就是最后固守在罗布泊岸边的罗布人。由于罗布人不与外人通婚,他们可以说都是沾亲带故的。在清初,罗布泊岸边的罗布人分居两个村落,而两个村落的人互相婚娶,成为实际上的两个家族。到二十世纪最初一二十年,罗布人的天地窄多了。

有外人到来,阿不旦就像过节一样。人们纷纷走上街头,迎接精疲力竭的驼队。买买提尼亚孜伯克赠给橘瑞超的礼物,是一条冻得硬邦邦的大鱼。这竟是阿不旦这个往日兴旺的渔村最贵重的礼物,因为那样大的鱼对于罗布人来说,已经是那样的稀罕,连伯克也难得一见。

当然,在阿不旦附近的沼泽还有茂密的苇丛,苇丛中栖息着水鸟。阿不旦河仍然流向喀拉库顺,但时见干涸的大湖正日益远离罗布人。橘瑞超在自己颇感陌生的房间里美美地睡了一觉,次日就从阿不旦村动身,追随赫定当年的足迹,继续向南,进入阿尔金山……

以上就是学者杨镰对阿不旦的叙述。

新阿不旦村于一九二一年废弃。废弃的原因除了米兰河已经几近断流,喀拉库顺湖已经几近干涸之外,促使他们突然离去的直接原因是因为一场大火。一户人家用烟火熏蚊蝇的时候,不幸引起火灾,于是这个用芦苇和树枝作建筑材料的村子顷刻间化为灰烬。

记得我先前说过罗布泊没有关于蚊子的记载。现在证明是错了,不但有记载,而且是因为熏蚊蝇这件事情,引起大火,导致了罗布人过早地离开了老村。

通过熏蚊蝇这件事,我们知道了罗布人离开故土的日子。米兰河边的维吾尔民居。它与赫定在一百年前速写的罗布人民居十分相似是在秋天。

尔后他们沿着那条干涸了的米兰河，慢慢往后退去，一步一步地远离罗布泊。当他们走了遥远的路程之后，找到了水流，于是重新在那里安家。

最后这里也没有一滴水了，于是罗布人拖家带口又向米兰河上游迁徙。这样直到一九五六年以后，兵团成立，最后的罗布人成为兵团的民工，搬迁到米兰镇。这样直到我写出这些文字的时候，最后的罗布人只剩下了两个，即一百零五岁的热合曼和一百零二岁的牙生。

这就是罗布人最后的情况。这就是一条汹涌澎湃的大河，千帆竞发百舸争流的大河，后来在漫长的流程中，一点点的干涸，最后完全干涸的情况。当然罗布人这条大河还没有完全干涸，它还有两滴零星的水滴存在。但这两滴零星的水滴也许一阵风就会使它风干。

我诅咒岁月。我凭吊历史。我向那泯灭在路途中的昨日的罗布人发出长长的一声叹喟。我欲哭无泪。我也不知道我此刻该说什么，因为语言在坚硬的时间面前是如此的无力。此刻我的胸口一阵阵疼得难受。能哭一场就好了。可是我又哭不出。

这就是罗布人留给人类最后的一些零星消息。

而关于在阿不旦之外，曾经还存在着一个老阿不旦这件事，是杰出的罗布泊专家杨镰，面对一堆杂乱如麻的材料，寻找到蛛丝马迹，从而偶然悟得的。

新阿不旦于一九二一年放弃。老阿不旦于一八九八年放弃。而在老阿不旦之前，罗布人居住在罗布荒原更深处的罗布泊北岸。

一九九八年十月十一日，杨镰在罗布老人热合曼的领路下，先到

新阿不旦，尔后又一同驱车前行，来到老阿不旦。这是罗布人当年的首府被废弃整整一百年后，首次出现探访者的时刻。

面对滚滚而来的遮天蔽日的黄沙，面对干得发酥的古河床，面对那条我们曾听说过的罗布人捕鱼所挖的小小运河（那河当然也已干涸），面对沧海桑田，杨镰问热合曼老人：阿不旦是什么意思呢？

阿不旦——热合曼老人慢慢地，但是准确无误地说，罗布人把水草肥美，适宜人居住的地方都叫阿不旦。我们每到一个地方，准备长期定居，就将那儿叫阿不旦。

那么，在老阿不旦之前，随着罗布泊的时盈时缩，在这数千年间，罗布人又曾经有过多少次阿不旦式的搬迁呢？当我们向历史的黑暗深处望去时，眼前是一片混沌。

介绍那位叫奥尔得克的罗布男人。杨镰先生关于对奥尔得克归宿的考证。叙述者在自己头脑中为奥尔得克所画的充满凄凉味的画像。奥尔得克与千棺之山。奥尔得克与楼兰古城的发现——从严格意义上讲，楼兰古城是罗布人奥尔得克发现的。奥尔得克这个名字的来历以及含义。

当谈到生前一身荣耀，死时寿终正寝的瑞典人斯文·赫定时，我不由得想起那个赫定的向导罗布奇人奥尔得克，并且感慨他那如蝼蚁如草芥般的无香无臭的一生，感慨人与人的不同。正是他成就了赫定的罗布泊探险事业。是他最先发现了楼兰古城，是他最先发现了小河流域的千棺之山。赫定因为这些发现已经不是原来的苍白青年赫定，而奥尔得克依然是生活在社会生活最底层的卑微的他。

其实当谈到那些过去的楼兰美女和现代的准搂兰美女时，我就想专辟一节谈一谈罗布男人，而选择的这个罗布男人就是奥尔得克。

按照学者杨镰的说法，一九四三年五月赫定离开罗布荒原后，奥尔得克也就销声匿迹了。他的去向如何，民间说法是这样说的。赫定走后，奥尔得克假冒探险队的名义，向英格可力的伯克买了许多粮草，说好将来由探险队付钱。这事败露后，愤怒的伯克扬言要将奥尔得克绳之以法。为了怕吃官司，奥尔得克仓皇逃逸，后来隐居于阿拉干附近的老英苏。他去世后，就安葬在老英苏的玛扎。

按照时间推算，奥尔得克和赫定是同时代的人，他的去世大约也是二十世纪五十年代那个时间。罗布人长寿一些，说不定奥尔得克会多活几年，当上几年生产建设兵团的农工。这是完全可能的事。兵团是二十世纪五十年代中后期建立的。这种想法真叫人感到奇妙无比。不过杨镰先生认为奥尔得克死在二十世纪四十年代初。这就是说，赫定离开罗布泊数年之后，奥尔得克就去世了。

在我的印象中，这个罗布奇人是一个浪子，他骑着马，迎着罗布荒原上的大风，飞也似的在荒原上疾走。他一会儿出现在追赶野骆驼的猎手行列中，一会儿又驾着独木舟，沿塔里木河而上，奇迹般地出现在顺流而下的赫定面前，从而令赫定目瞪口呆。

他同时又是我们通常意义上说的那种痞子。衣衫不整，邋里邋遢。遇见的人以半是轻蔑半是调侃的口吻向他打招呼。他的嘴里三分之一是谎言，三分之一是真实的阅历，三分之一是白日梦。这些特征混淆于一身，令世人对他的话只能半信半疑。

当然，也许他所说的都是真的，是他的丰富阅历的反映，只是我们这些凡夫俗子不知道。我们把智力不能解释的东西叫谎言，而已而已。比如奥尔得克的小河流域千棺之山，就证明他说的确是真话。贝格曼之后，有多少人想去寻找那如梦如烟般的千棺之山呀，可惜迄今

还没有一个人找到它——我们没有奥尔得克。

一九〇〇年的初春，赫定带领着他的探险队在罗布荒原上穿行，寻找古罗布泊。他们从孔雀河进入浩瀚的白龙堆沙漠，穿过枯死的胡杨林和奇异的雅丹地貌。死亡时时跟随着他们。只是靠了将罗布泊六十不冻泉谙熟在胸的奥尔得克引路，他们才能勉强地找到一点水源。不致令人和骆驼渴死。

一天夜里宿营后，探险队正准备傍着几株活的红柳，挖取水泉的时候，突然发现铁锨丢失了。这真是一件要命的事情。奥尔得克于是骑上马，顺着原路去寻找。两个小时后，大风起了，这被赫定称为魔鬼的乐曲的罗布泊黄风暴吹得天昏地暗。探险队忍着干渴，在洼地里蛰伏了一夜，第二天早晨立即拔营行走。他们担心自己会就此死在罗布荒原上。而那去寻找铁锨的奥尔得克会怎么样，大家已经顾不了那么多了。探险队顶着大风又行进了一天。晚上，正扎营时，突然，一手牵马，一手拿着那个要命的铁锨的奥尔得克站在了大家面前。

气喘咻咻的奥尔得克除带回铁锨，还带来一个重要的消息。这消息成为罗布泊近代探险史上划时代的一个事件:这就是楼兰古城的发现。

奥尔得克说，在风暴中，他迷路了。狂风把他刮到了一座魔鬼城里边，那城里有城墙，有高高的泥塔，有护城河，有许多的房子。地面上零七八落四布的，是些雕刻着美丽花纹的木板。

为了证明自己言之不虚，奥尔得克还从靴子里掏出一块木板来，在空中挥舞一阵后，递给赫定。

捧着雕花木板，赫定在这一刻明白了。历史终于通过这个叫奥尔得克的使者，向他掀开面纱，神秘地微笑了，他的千寻百觅终于得到了报偿。

赫定这时候尽管还不知道奥尔得克闯入的这座古城废墟，就是著名的楼兰城，但是预感告诉他，位于罗布泊荒原的这座古城，一定是西域一座重要的古城，说不定还是西域三十六国中哪一个古国的都城。

赫定真想不顾一切地赶到那儿去探个究竟。但是理智告诉他，应当赶快离开，以免重蹈先行者葬身沙海的覆辙。探险队已经出来好几个月了，淡水和给养已经没有了，人，骆驼，马和两只狗，都已疲惫不堪，濒临生命极限。

第二年，也就是一九〇一年的三月三日，赫定一行在奥尔得克的指引下，终于再访罗布荒原，找到楼兰古城。西域探险史上重要的一页揭开了。

快去找那些木雕、木简和纸本文书吧！找到一片，我当场给你们付一块银元！站在楼兰城那后来被称为城徽的泥塔前，赫定对随行的罗布人吆喝道。

于是，在那些弯腰拣拾木片的几个匆匆身影中，我们看到了我们的奥尔得克。

这就是罗布人奥尔得克的故事。

他生于贫贱，死于流亡的路上，葬于罗布人的传统公墓玛扎。

奥尔得克一词是罗布语野鸭子的意思。我们大约还记得赫定驾着船溯塔里木河而下时，船工们高喊野鸭子飞来了的情景。

据说罗布人的习惯，孩子一落地，睁开眼睛的时候，大人就以他看见的第一件东西来命名他。这样我们知道了，奥尔得克出生在秋天，在满地蚊蝇嗡嗡乱叫中，一个卑微的生命来到罗布人简陋的苇草房里。这时一群大雁正鸣叫着从头顶飞过，于是这孩子有了名字。

而这个名字是不是一种兆示，决定了他毕生在罗布荒原上风一般疾走?

叙述者的罗布泊雅丹。赫定最后告别的雅丹。赫定自敦煌古丝绸中路寻访罗布泊的经历。赫定的一段文字。赫定的终生遗憾——他的罗布泊探险留下一段一百七十公里的空白地段。

我的脚力不够，只能在这罗布泊古湖盆转悠，只能在这雅丹四周转悠。较之那些脚底生风，踏遍罗布泊四岸，踏遍塔克拉玛干大沙漠，踏遍塔里木盆地的旅人，我的脚步实在是过于迟缓。

不过我也有我聊以自慰、引以为傲的地方。

那就是我到过的这一处罗布泊古湖盆，迄今还因为其凶险和恐怖而几乎无人问津。本书中所提到的这些人，普尔热尔瓦斯基、赫定、贝格曼、杨镰、奚国金、彭加木、余纯顺等等，他们都不曾到过这块地方。

他们没有能到的原因，是因为翻越库鲁克塔格山以后，这一段路途的艰险以及罗布泊古湖盆的衣食住行的无法解决。我们知道赫定当年曾称这一条道路为凶险的鲁克沁小一道。现在我们之所以能来是因为有先行者。地质队和石油地质队冒着死亡危险，在黑戈壁上为我们开辟了这样一条通道。

这一处地面赫定始终没有能来，这成为他终生的一个遗憾。

一九三四年初冬，当赫定结束他的最后一次中亚探险，经吐鲁番、哈密，来到安西，就要进入河西走廊的时候，他突然眼望来路，掉下泪来。原来，他还有一桩心愿未了，这心愿就是，虽然他的足迹几乎遍踏罗布荒原，但是，他留下了一个二百多公里的空白点。这个空白点就是从罗布泊东北岸看罗布泊，就是从白龙堆雅丹到六十泉这二百多公里的地段，或者换言之，就是今天叙述者来到的这地方。

赫定在安西城做了必要的后勤给养准备后，然后率队去了敦煌。在敦煌敷衍了事地参观了莫高窟以后，西出阳关，顺着一条若有若无的古道，去寻找罗布泊。

在敦煌，赫定遇见了一个彪悍的东干人（回族人），然后就由这个东干人带路，一直向西。那条若有若无的小道，原来是贩毒者和土匪出没的小道。在这样的道路上，布满了一个一个的烽燧，这些烽燧令人相信，这正是当年繁华的古丝绸之路中道。

他们路过了马莲泉，路过了骆驼泉，在一座烽燧下面遇上土匪，差点成为土匪的枪下鬼，在嘎顺大戈壁遇见了六峰野骆驼，野骆驼将他们带到了有泉水的地方——骆驼井。

接着，那辆破旧的小车将他们带入阿尔金山。已经没有任何道路了，他们只是凭着感觉向着大约的方向走去。他们从阿尔金山脚下穿过，从离疏勒河不远的地方穿过，进入黑戈壁和荒漠，继而，沿着一条东西走向的干河床行进。这条冲沟将他们引向北山，在北山盘旋了好几天以后，方才走出。

作者与新疆地质三大队总工在罗布泊

第21章

赫定一行是十一月二日从安西出发的，十二月十日历经千辛万苦以后，终于到达罗布泊古湖盆。这次行程用了一个月零八天的时间。

赫定在他的《亚洲腹地探险八年》一书中，曾专辟出一节，介绍他在这个位置看到的罗布泊。赫定的这一段介绍在阅读中引起了我深深的惊异，因为他这最后告别罗布泊的地方，也许就是我此刻站立的地方。

赫定谈到的那奇特的迈塞，也许就是我们此刻扎营的这个雅丹，因为它的高度，它的形状，它上面那层次分明的白色石层和红黄土沉积层，以及从雅丹上剥落下来的那大大小小的黏土块，都与赫定文中介绍的一模一样。

一样的地方，还有这古老的湖岸线，还有罗布泊干涸的湖面的种种征状。

不过不一样的地方也有两处。

一处是，赫定说的那像个半岛一样向西倾斜的缓缓的圆状小山丘，明显地指的是我们前面提到的那个龟背山。龟背山距我现在的位置是正北偏东约三十公里，而在赫定的叙述中，这座山是在他的南偏西。这说明我距他还有六十公里的距离。

一处是赫定在文章结尾提到，他们一行在离开距雅丹十五公里的一三五号营地时，用八个汽油桶搭了一座金字塔形的纪念碑。然而我们在附近并没有见到这东西，甚至连一点曾有过的迹象也没有。是罗布泊的年年的大风将它沙埋了吗？或者是如学者奚国金所说，二十世纪五十年代洪水泛滥时塔里木河曾重返罗布泊古湖盆，它是被湖水吞没了呢？

我实在不能割爱。因此我将赫定的这一节《罗布泊》附在下面，好在文字不长。

十二月十日上午十点十七分，小汽车朝西偏北方向出发了，三分钟之后我们就下到了盆地里。这里的土地覆盖着一层石子，有的地方包着一层白色的盐壳，在阳光下闪闪发光。盆地朝西微微地倾斜着，汽车越过了两处古老的湖岸线。

走了二十三分钟后，地卤变软了。小汽车慢慢地开着，要是卡车走到这里无疑会陷进去。我们朝一个奇特的迈塞驶去。迈塞约十五至二十米高，像座城堡的废墟。这个大黏土块有的边缘是竖直的，能看到分明的水平层次。在四分之一高处有些二厘米厚的白色石膏层和十至二十厘米厚的红黄土沉积层。我们在这里停了一会，照了相并画了一幅素材。

在这个大迈塞的西面是一片已被严重侵蚀的第三纪地层，那里有四个残留的已坍塌的迈塞。其他地方也到处可见千年风暴袭击的痕迹。

我们在这里待了四十五分钟，大大小小的黏土块就像大海中的小岛一样，深深地印在人们的脑海中。汽车朝西偏南驶去，我们注意到大地有些微微起伏，遥远的地方变成了浅色。汽车用八分钟穿过一片石膏带，白色的大地在阳光下闪着耀眼的光。这里到处可见发育不完

全的小沙丘。

汽车走了十五公里后停下来。我们下了车仔细观看。南面偏西十五度是一片缓缓的圆状小山丘，像个半岛一样向西倾斜，那是北山山脉的最南端。西南和西面的大地像海一样平，罗布泊远远地藏在那里。西北面可见隐隐约约的库鲁克塔格；北面和东北面是发蓝的山脉。

在此处的观察是我们第二次进入罗布泊的尾声，汽车随后返回一三五号营地。这一次我们没能到达六十泉，没能真正地与上次的旅途衔接，但已经看到，知道很多东西。我们坚信，在库尔勒与安西之间漏掉的这一百七十公里，对于汽车不会有很大问题。我们从实践中可以预言，能找到一条从北面绕行六十泉的路，就像能够穿越北山一样。

我们在一三五号营地用八个汽油桶搭了个纪念碑，其中三个填满了沙子，像一座稳固的金字塔。今后的旅行者和筑路人都会发现它，但不会有人来将它拿走。

这就是赫定对罗布泊的最后的告别。是惆怅万状的告别，是难舍难分的告别，是柔肠寸断的告别。

这告别的地点或者就是此刻我站立的这个雅丹，或者是附近这几十公里方圆的某一个雅丹。

四位英国女大学生步马可波罗后尘重踏古丝绸之路。索菲亚。亚历山大，托尔斯泰。英国首相布莱尔的独特纪念方式。四位奇女子在土库曼斯坦差点成为一个牧羊人的新娘。从尕特口岸进入中国。四姑娘沿丝绸之路南路横穿塔克拉玛干大沙漠。白龙堆雅丹不可及。西安城的狂欢。七峰骆驼最后的归宿。张作家卖骆驼。

我们在罗布泊的这一段日子，在遥远的欧洲，新闻媒体、计算机网络以及许多的欧洲人，也在谈论罗布泊。这事是由英国爱丁堡大学的一个叫索菲亚的女大学生引起的。

索菲亚在毕业典礼上，宣布了一个惊人的消息。她将和另外三个女同学一起，组成一支女子探险队，使用最原始的交通工具，骑马，骑骆驼，沿着七百年前马可，波罗走过的路线，完成对横贯欧亚的古丝绸之路的考察。

四个女大学生中，有一位是列夫，托尔斯泰的曾孙女。她的名字叫亚历山大托尔斯泰。托尔斯泰家族，在苏联卜月革命前夕，移居瑞典，在瑞典短暂的居住以后，定居英国。这位亚历山大是托尔斯泰的第四代了。这个家族现在都在英国。

马可·波罗当年走这一段漫长的行程，用了六年的时间，姑娘们则决定用一年的时间走完它。也就是说，在百年纪之交和千年纪之交，这个人类的经典时间，她们将即达丝绸之路的另一头古代的长安，今天的西安。

索菲亚宣布的这个消息惊动了英国朝野。

英国首相布莱尔对这事表现了极大的热情，他亲自出面张罗，寻找到四家财团赞助此项活动。在这事得到落实以后，布莱尔自己还发布了另一个属于他自己的惊人的消息，这消息是，他和夫人商议过了，计划生一个孩子，以纪念四位姑娘的这一次壮举，这孩子将在旅行者们即达丝绸之路的另一端、西安古丝绸之路起点的那一堆石雕时降生。

此消息在网络上发表后，为这位政治家赢得了不少的赞誉之辞。许多人认为，生孩子这事，虽然是他的家事，但至少表明，他们的首相是年轻的和青春的。

四家财团都拿出了巨额资金赞助此事。他们一共拿出了多少钱，详情我们不知。不过据小道消息说，这四个姑娘安全抵达西安后，她们每人将获得五十万美金的酬劳。

不过商家提出了苛刻的条件。这条件就是，必须严格按照马可·波罗当年的路线走，比如马可·波罗当年横穿罗布泊时，歇息在恐怖凶险的白龙堆雅丹，这四位姑娘也必须这样。这是其一。其二，在漫长的行程中，她们必须自带帐篷，在野外露营，即使旁边就是客栈，也不能去居住。其三，交通工具也必须严格按照马可·波罗的做法，即步行或以骆驼、马匹代步。

当策划完成，行程中的所有细节，意外变故都做了考虑之后，四位姑娘踏上了征途。英国人先用汽车，将四位姑娘送到土库曼斯坦边界。

一九九九年三月十九日，她们从土库曼斯坦骑马出发，沿着横亘土库曼斯坦的卡拉库姆沙漠一路东行，越过乌兹别克斯坦，进人塔吉克斯坦，经过一百天的艰苦行程，于一九九九年七月一日进人中国的尕特口岸。

在土库曼斯坦的行程中，还发生过一件怕人的事。戈壁滩上一位牧羊的土库曼青年，俘虏了四位碧眼金发的英国姑娘，他将她们带回家去，要将这四个姑娘同时娶为他的妻子。如果这是偶然的风流，四位姑娘大约还可以容忍，因为这寂寞的路途确实需要一点调剂，况且姑娘们都是二十四五岁的年纪。但是要明媒正娶，姑娘们却不干，这表明姑娘们将要永远地羁留在荒原上了，况且，一次娶四个姑娘，这牧羊人的胃口也太大。于是乎姑娘们用手中的电台通过卫星传送，向伦敦总部发出呼救。经过伦敦的多方联络，在婚礼进行途中，土库曼斯坦当地政府的官员赶来结束了这事。姑娘们向失望的新郎告别，重新踏上旅途。而那位尴尬的土库曼斯坦牧羊人大约至死也不会明白，世界到底有多大。

在塔吉克斯坦进入中国口岸时也遇到了一点麻烦。她们乘骑的马被塔吉克方面扣留了下来，理由是这是他们的国家财产，不能外流。姑娘们申辩说，这是她们出钱买的，是她们的私有财产，但是塔吉克官员们听不懂她们的话，姑娘们只好遗憾地向她们的坐骑告别。

在尕特口岸，好客的中国官员帮助她们购买了几峰骆驼，供姑娘乘骑。后来在中国境内，她们一共购买和使役过九峰骆驼，而其中两峰，一峰因为疲劳过度，在载着姑娘们行走时，突然倒毙在路途上死去。另一峰，也因为疲惫不堪，被姑娘放生，让它重返荒原去了。

古丝绸中路已因罗布泊的干涸和楼兰城的沙埋而无法行走，因此她们走的是古丝绸之路南路。

她们从和田到民丰，从民丰到且末，从且末到若羌，从若羌到敦煌，尔后从敦煌进人甘肃河西走廊。

在若羌县境内，为了实践原来的计划，她们曾进人罗布泊纵深四十多里，在接近探险家余纯顺遇难处的那个地方，找到一个雅丹，支起帐篷歇息一夜。马可·波罗一二七二年歇息的那个白龙堆雅丹，当然还在罗布泊的更深处的地方，似是那地方显然无法到达。

姑娘们将她们每天的旅途所见，拍成录像，通过卫星向英国伦敦总部汇报。在她们的这将近一年的行程中，英国的多家电视台，每晚都辟出相当的时间，播放她们发回来的录像。可以毫不夸张地说，整个英国都在关注着这件事。

一九九九年十一月十七日，姑娘们终于抵达古都长安，完成了八千公里的古丝绸之路的探险考察。当天英国的《泰晤士报》等几乎所有的报纸都在头条报道了这一消息。古城西安的五十多家新闻媒体

和近万名市民，潮水般地涌向西门外的丝路群雕，都想一睹这四位奇女子的风采。

英国首相布莱尔发来了祝贺电话，这位首相的儿子或女儿这一天出生了没有，媒体和网络则没有报道。英国驻华大使则专程赶到西安，来接这四位姑娘。一起来的还有索菲亚的母亲，母亲抱着她的女儿失声痛哭。姑娘们和来接她们的人都乘飞机走了，只有一个姑娘没有走，她乘火车取道北京，尔后从北京返回。这姑娘就是亚历山大·托尔斯泰。

行前，姑娘们依依不舍地告别陪伴她们无数个晨昏的七峰骆驼，她们一再叮咛不要杀它们。在旅途中，姑娘们给七峰骆驼都取了名字，有的叫将军，有的叫健将，有的叫王子，有的叫阿里巴巴。只要姑娘一喊名字，骆驼就会走过来。

关于这七峰骆驼，还有一点下文。这次和我一起进罗布泊的张作家，出资三万，从姑娘们的手中买下了这七峰骆驼。他认为奇货可居，有前面万里丝绸之路这一番热热闹闹的铺垫，这七峰骆驼倒手，一定能卖个好价钱。结果张作家失算了。虽然来看骆驼的人很多，但是真心要买的人并不多。张作家雇了两个农民，将骆驼养在西安西郊的破园子里。光骆驼的每日草料，加上园子租用费，驼工工资，每天得花去二百元。这样二十多天以后，张作家实在受不了了，于是在一家报纸发表了《张敏挥泪斩骆驼》的文章，扬言他要在一九九九年圣诞节这一天，宰杀七峰骆驼，尔后在西安钟楼底下，设个骆驼宴，请西安市六百万市民，每人来尝一口新鲜。此消息一出，整个西安城一片哗然，市民们纷纷打电话到报社抗议。有的报纸甚至辟了专栏讨论骆驼该不该杀这事。七峰骆驼杀又杀不得，养又养不起，张作家这次真是傻眼了。好在后来有一个叫渭水园的休闲山庄来救急，他们出资三万，买走了这七峰骆驼。而在百年纪之交和千年纪之交之际，即二〇〇〇年零时零五分中国中央电视台向世界联网直播的西安南城门西域使者入城式上出现的那几峰骆驼，即是此骆驼。

叙述者重新回到雅丹。表情。剃光头。罗布泊的打麻将。叙述者终于浪心难拘，加入到麻友之列。叙述者记录一张叫三饼的牌掉进溶洞的故事。

我趴在行军床上写字。天和地灰蒙蒙的一片。太阳在这如瘴气如雾霭的背后无力地照耀着。四处布满一种死寂的气氛。每个人的脸上都挂着一种悲凉的、凝重的表情。这种表情殡仪馆里和急救室门前可以看到。大家都不再说话，因为所有该说的话都已经说完，再也没有新鲜的话题可说。大家在擦身而过时，也互相不打招呼，甚至连看一眼也不看。

世界在这些天都发生了什么事情，我们也不知道。世界和我们之间隔了一道黑幕。我们感到自己像被人类大家庭开除了的一群孤儿一样。或者像世界上突然发生了一场大劫难，仅留下我们这些幸存者一样。幸亏有太阳、月亮、星星，虽然混沌不清，但还轮番照耀着，从而提醒我们这确实是在人间。

帐篷的背阴一面突然传来笑声。原来是年轻人在剃光头。第一个剃的是制片小许。由于没水洗脸，而风把砂子和盐碱吹进头发里，再一出汗，人人的头发在头顶上绣成了一个毡帽。我的也是这样。没有带理发工具，他们剃头，用的是电动剃须刀那个袖珍型的小推子。

小许的头推光了。头发茬子毛毛茬茬的，像一个花脑袋。

大家一哇声地说，让基地梢来一把推子吧，推子捎来，所有的人都

得推光，无一例外，包括我。

理完发后，接着打麻将。

实际上，从进人罗布泊的第二天开始，麻将摊子就支起来了。摄制组除了工作之外，余下的全部时间都用来打麻将。而那基地唯一的桌子，它除了用作饭桌以外，除了最初我偶尔还趴在上面写写东西以外，其余的时间都是被用来打麻将。这麻将是从西安动身时带的。

老实说，幸亏有这麻将，大家才能在这罗布泊稀里糊涂地待这么长时间。没有它，大约连一个小时大家待不下去。

麻将打了个天昏地暗，百元大钞像长了腿一样，满桌乱跑，一会这个的门前凑了一堆，一会又那个的门前凑了一堆。最惨的是数司机小张，今天从小许那里打了条子，借上两千，打光了，发誓说如果再打麻将，就把手剁了。二天早晨爬起来，又打个条子再借两千，继续往牌桌上凑。

我也是个赌徒。世界上只有两样东西，能叫我深深地沉湎其中，一件是写作，另一件就是麻将。麻将那哗啦哗啦的声音一响，我的心就猛烈地跳动起来。现在这世界上只有一样东西，能震撼我的心灵！这是普希金的诗。普希金说的那一样东西是冰冷的大海深处的那一处关押过拿破仑的峭崖，而我现在能震撼心灵的唯一东西，正是哗哗作响的麻将声。

开始我还能把握住自己。我对自己说，我抛弃家小，远离人类，到这荒凉的罗布泊干什么来了？我就是要来这里记录，记录所经所历，记录自己的感受。如果要打麻将，我待到城里不就对了，何必要跑出来。

可是道理虽然这样讲，我还是抵挡不住那哗哗的诱惑声。我终于扔下手中的笔，坐到牌桌上来。浪心难拘，自此我打牌成了主要的事情，写文章成了副业。

这一副麻将牌耽搁了我多少事呀！没有它，我会写出多少文章！这是第一层意思。而第二层意思则是，麻将真是个好东西，幸亏我们高度的投入，才忘却了周围的环境，才做梦一般在罗布泊待了这么些时日。

地面凸凹不平，麻将桌子很难支稳，于是大家给桌子腿下面垫上各种东西。前面说了，地面上有很多的溶洞，这些溶洞有些直通通的，像蛇洞，有些是弯曲的，像老鼠洞。虽然这里靠近雅丹，靠近海岸线，有流沙将地面铺得平坦一些，不过仍有溶洞。一次打麻将，我连坐十八庄，牌友们个个面色铁青。尤其是安导，像输红眼的赌徒一样，又顶又下。结果他这次是顶对了下对了，他摸了个炸弹。他炸的是三饼。将三饼摸起，安导大叫一声，炸了！叫罢，将三饼往牌桌上狠命一甩。三饼落到牌桌上，蹦了几下，就掉到了地上。在地上寻找时牌不见了，隐隐约约看见，牌在一个弯曲的溶洞里。安导将手伸进溶洞，两个指头都夹住牌了，不料往上提时，牌又掉了下去。这次我说我摸吧。摸了半天，牌越摸越往深处蹿。后来小张说，他手小，他来摸。张作家则在一旁大叫：如果不是三饼，叫老安赔庄。这小张趴在地上摸了一阵后，大叫一声：坏了。原来这三饼从这个溶洞里，又掉进一个更深的溶洞里去了。小张说他还听见咚的一声。这时，地质队的陈总也来看热闹，他说掉不到哪里去，这里的地面距卤水也就是一米八，最多它掉到卤水里吧！于是乎众人搬了桌子，又拆去几张床，开始时是用铁杠撬这个溶洞，撬下几片碱壳以后，又用十字镐来挖。这样折腾了有半个小时，在三饼还没有蹿到第三个溶洞之前，于地表一米深的地方将它拿获。

这一节专讲同行的张作家。张探花名字的由来。《错位》电影剧

本产生的经过。张作家两件庄谐并出的逸闻趣事：一件是与气功大师打赌，一件是在深圳吃龙虎斗。

张作家叫张敏，又叫张探花。他是西安电影制片厂编剧。有个屡次获得国际大奖的电影叫《错位》，张作家就是这个电影的编剧。导演黄建新拍完《黑炮事件》，想继续往下拍，找到厂长吴天明。吴天明招来张敏，要他一个礼拜之内，为黄建新写个本子。三天头上，早晨上班时，吴厂长在西影厂大门口，见到蓬头垢面、不修边幅的张探花。吴厂长怒道，我给你说的事，你当耍耍哩！话音未落，只见张探花笑嘻嘻地从怀里掏出个三万字的本子。这就是新时期的一部经典电影《错位》剧本产生的经过。为写这本子，张探花三天三夜未睡。

张探花祖籍山东，一生流连颠沛，现在定居在西安。用他的话说：受孕在黄河故道，长成在大漠边关。前一句话，是说他落地生根在中原，后一句话，是说他九岁前、在新疆哈密。前两年山东老家来人续家谱，写上编剧二字后，后面要加个括号，填上相当于什么级别。怎么填，来人说，交三百块钱，括号里填一个探花吧。古代官考，头名曰状元，二名曰榜眼，三名曰探花。张作家觉得封他一个探花，是高抬他了，尤其又喜欢探花这两个花花哨哨的字，于是乎从此张口闭口要大家叫他张探花了。

第22章

张探花平日行为乖张，放浪形骸，脚下常穿一双拖鞋，走到街上，一个裤腿长，一个裤腿短，吧塔吧塔一路走来。自号无聊文人，又将家中凭稿费堆砌起的一座歪七扭八的三层楼房号称文牢。这文牢中每日吆朋呼类，酒气冲天。中国新时期的文化人，从王蒙，到张贤亮，到初学写作者，来的即是客，秉帚以迎之。大文化人贾平凹，二十年前，曾在这东倒西歪屋里客居过三年。平凹说：嫂子每次做饭时，往锅里给我多添一瓢水，就有我吃的了。这是旧话，不提。

说起张探花传奇，这里单说一件。有一年，中国神秘学会在西安开年会，各路气功大师、预测专家云集西安。爱热闹的张探花，也跑去瞧稀罕。他是著名的长安闲人，走到哪里，大家都认。会议设在省体育场的一个宾馆里。席间吃饭时，言语过往之间，他和一位山东来的气功大师斗起嘴来，他说气功是骗人的，大师说他是孤陋寡闻、见识短浅。说话间，张探花从腰间掏出了个风油精瓶子，再掏个一分钱硬币，说：在坐的各位，谁能将这一分硬币，众目睽睽之下，装进风油精瓶子里去，那我就算服了，从此世界观改变，逢人专说气功的好处，并且免费为你们写出大块文章，让各位名播天下。

张探花连说三遍，满座无人敢应。末了，山东来的气功大师拦住

话头，说张探花所谈的这事，是小儿科，是市井地摊上的弄法，大师不屑为之。大师说，他要当众表演一道乾坤手，让张作家长长见识。啥叫乾坤手？大师说，张作家你摸摸你的身子，看哪一处长了个瘤子，或起了个疙瘩，或有一个猴子，你说给我，我一伸手，疾如闪电，快如旋风，这疙瘩就被抓走了。抓住后，你这肌肤光光堂堂的，不留一丝痕迹。张探花见大师这样说，回话道，爹妈生我，通身像个浪里白条，并无疙疙瘩瘩的东西。不过论起疙瘩来，裤裆里倒有两个睾丸，这样吧，大师你伸出乾坤手来，取它一个，试试你的本事。话撵话撵到这里，大师摆摆手道，睾丸乃生命之根，要他取这东西，太残忍，太不人道，他不敢取。张探花答道，一个愿舍，一个愿取，周瑜打黄盖的买卖，合理而又合法，况且我如今已有一儿一女在堂，这睾丸于我，已成无用之物，大师你成全我，将这赘物除去了吧！大师摆摆手，说这叫抬杠。

饭局结束时，双方议定了另一个赌博项目。大师说了，挑一副农舍的那种木门，隔三步远，他一发功，双掌一推能叫这木门自然闭上。张探花不信。张探花说，气功师能掌心发力，将桌上的餐巾纸吹得微微颤抖，已属不易了，如今要推动这两扇门，谈何容易。双方又抬起杠来，最后说定，赌一万块钱，找一户有木门的人家，当场试验。并请在坐的世界射击冠军当保人。敲定以后，众人发一场喊，分乘几辆出租车，直奔西安北郊方新村而来。

张探花的家在方新村。大师携一只手提箱，里面硬铮铮是一万块钱大票。张探花也东拼西借，凑够这一万块。张探花心想，老百姓有一句话，叫做眼见稀奇物，寿增一季，今天帐篷里的张作家，打麻将输了七千五百元。正躺在床上懊悔。这时帐篷外挂着的一个温度计显示，罗布泊的地方温度为五十二点四摄氏度。

我就是输了，一万块钱买一个稀罕瞧，却也值得。

在方新村里，陪着大师走了几家，终于找到一家大师认为是合适的木门。于是乎开始。大师先将木门开成半掩状态，然后向后倒退三步。众人递上凳子，大师坐了。只见大师闭目敛气，运动筋骨，半晌，突然两掌向前发力，怪叫一声道：合上！叫声过后，众人看那木门，还是纹丝不动，半掩状态。大师见了，只好又运动真气，再做两次。那门还是纹丝不动。

张探花见了，眼里倒有些怜悯这大师，于是说，这陈年老门，门轴子有些死了，我给你些膏油，或者洒上一泡尿上去，让它滑溜滑溜。这些做过一回以后，大师再推，门仍然不动。事已至此，大师也就满脸羞惭，说一声今天气场不对，说罢丢下一万块钱，自己先走了。

一万块钱在手，张探花说，这钱是白捡来的，不花白不花，于是乎呟朋呼友，叫上一大帮子闲人，再加上他的全家，来到当时西安最好的宾馆金花饭店消费。餐厅经理问上什么菜，点什么酒水，张探花说什么好上什么。这一干人从下午一直折腾到凌晨两点。后来买单时，张探花将一万块往桌上一扔，问够不够。服务小姐将钱一数，说一共是一万三千八百八十八元，这一万块收过，还差三千八百八十八元。张探花一听，傻眼了。饭店留下张探花的公子作人质，让他回去取钱。三千八百八十八块钱取来，这事才毕了。

还有一件事，是张探花在深圳吃龙虎斗的事，也算一奇。

一九九四年，张探花在深圳筹拍一个广告片。他心想深圳的朋友请他吃了几次饭了，他得回请一下。一拨人来到一家门面还算讲究的饭馆，进得门来，张探花见柜台上，卧着一只黑猫，十分可爱。老张手骚，走上来将那黑猫的胡子拽了拽，惊叹一声：哇，好漂亮！见来客这样说，前台经理脸上一喜，遂使个眼色，让服务员将这只黑猫抱到后边去了。

张探花觉得这事有些蹊跷。深圳是个人生地不熟的地方，比不得他在西安。这时也是有意，也是无意，他又一瞅，见门庭站的礼仪小姐也十分漂亮，于是乎走上前去，拍了拍小姐肩膀，又来了第二声惊呼：哇，好漂亮！

一会儿，只见厨师将一只血淋淋的猫端了上来，猫皮剞去，搭在盘子边上。厨师到桌前说先生，你要的这只猫我们宰了。你看看是不是这只？再配上一条蛇，这道菜叫龙虎斗，一共是三千三百八十八块钱。请你先付钱！

张探花一听，傻了眼了。那天他身上一共揣了五千块钱，心想这五千块钱吃一顿饭，大约能抵挡得住，谁知道这一道菜，就三千多块花出去了。张探花咽了咽唾沫，心中有些不甘，于是问道，他何曾要吃这只猫来？前台经理说，你明明是点了这只猫，你指了指猫，拽了拽猫胡子，还高叫一声漂亮。

张探花说，我赞美它漂亮，并不是要吃它，我是作家，赞美生活是我的职责。经理说，这个我们不管，反正这只猫是你点了，你得付钱！

张探花见状，眉头一皱，说道，我承认，这道菜我点了，不过我点的是两道，还有一道，你们没有端来，请把那一道也端来，我一块付钱。经理问是哪一道。张探花一本正经地说，我说了这只黑猫漂亮，可是我还说，门庭那位礼仪小姐漂亮，如果按当地习俗，说了漂亮就算点菜的话，请将那位小姐，也剥了皮，做成菜上来。经理一见，急道，先生你开什么玩笑？张探花仍然一脸严肃。

这事吵得纷纷扬扬之际，服务员从后边叫来了饭馆老板。张探花仍然坚持他的道理，非要这一道菜不可。吵闹到最后，老板只好说，这道龙虎斗，就只收你一个成本，三百八十八块钱算了，权当是交个朋友。满头大汗的张探花，见涉险过关，于是，也就顺坡下驴，同意以三百八十八块结账。

西安是文化古都。文化古都出张探花此类文化人物。我常想，张探花此类庄谐并出，令人喷饭的传奇，一些年之后，也许会像我们今天说徐文长的故事、唐伯虎的故事、纪晓岚的故事一样成为文化人的市井传奇。张探花的此类故事颇多，今天这话有些长了，就此打住则个。

张作家嘴唇上的血泡。张作家开始思乡。我的烟抽完了。更大的恐慌发生了：罗布泊基地的淡水用完了。维吾尔拉水人。

地质队在忙。安导他们在打牌。张作家盖着被子在睡觉。我则趴在床上，瞅着张探花，记下这个到过罗布泊的人物。

第23章

张探花这次出来，腰里别了五千块钱，除了路上花销，剩下的如今在罗布泊都交了公粮。他平日本来就牌艺不精，朋友约他打牌，他摸摸口袋说，你要我的钱，你就明说。不要提打麻将。我把钱给了你，还落个人情；打麻将输给你，不但没有人情，还落个我弱智。可是在罗布泊，张作家终于耐不住寂寞，揉搓了两下手，上场。后来落得囊中空空，这才罢手。

由于空气干燥，很多人的嘴上都起了血泡。张作家的血泡最多。上嘴唇有一溜，下嘴唇有一溜。明溜溜的，十分怕人。张作家发明了一个营造小气候的办法，他用一条湿毛巾，蒙在脸上。如今他躺在床上时，脸上就蒙着个湿毛巾。

我的嘴唇上不是血泡，而是红肿。尤其是下嘴唇，肿着更厉害。好在有胡须遮着，看不明显。平日下巴干净，没有发觉，我的胡子，有一半已经是白的了。我是有一些老了。

张作家睡不着，又拿起手机在打。进罗布泊的第三天，他就摆弄起了手机。明知道根本打不通，一点信号也没有，可是他还是下意识地时时拿起手机。他是想孙女了。这几年，我和他外出过几次，一次是在广州，一次是在浙江的南浔，只要手机里传来一句孙女的“爷爷，你怎么还不回来”，他当时就买飞机票回家。

张作家年轻时，是个天不收地不管的家伙。谁要管他，他说一句管我的人还没有出世哩！现在管他的人终于出世，这就是他的孙女。

麻将的赢家是安导。安导是个大不咧咧的人。这几年我接触电视台的人，他们似乎都是这样的。在罗布泊，除了拍摄，他们确实也无事可干。只有靠打麻将消遣。拍摄工作已经快要完了，还剩几件事，一个是要拍摄九月三十日晚上全体地质队员在一起喝酒的场面。一个是要拍一个爆炸场面，现在等基地送炸药。

我的烟抽光了，这使我有些心虚。我进罗布泊时，带了三条半烟，现在这三条半已抽完。可怜的我，现在是在帐篷内外，拣烟把儿抽。帐篷里白花花地落了一层烟把儿，帐篷外也有一些，因此我还不到恐慌的程度。制片小许真是个好人，他从包里奇迹般地拿出一条烟，分给我几盒。小许不抽烟。这一条是劣质香烟。记得他在路上的时候，就让人抽，结果没有人接他的烟。现在这烟成了宝贝。

更大的恐慌是水。水已经接近没有了。那一罐子水，是两千公斤，泼衍到罗布泊，连洒带漏，只剩下一千公斤了，这一千公斤水经过十多天的食用，已经基本完了。水罐里只剩下个底儿，倒出来的水，都是黄的，一股锈味。

两个维吾尔人，在卸下水以后，第二天早晨就离去了。当时双方说好，一个礼拜之内，再送一罐水过来。可是后来，双方在付钱这件事上出现分歧。地质队认为，它在罗布泊基地收到的是一千公斤水，而一公斤水一块钱，所以只能付给两个维吾尔人一千元。维吾尔人则认为，他们从迪坎儿装水时，装的是两千公斤，所以应付他们两千元。当时在付给维吾尔人钱时，双方就有争执。后来，维吾尔人勉强同意了再来送水，可是回到库尔勒以后，就又反悔了。原因是他们一算，光罗

布泊这一来回，汽油费就花了八百。

维吾尔人不来，现在轮到地质队慌了。陈总赶快呼叫库尔勒，要维吾尔人来送水，只要水能送来，什么条件都答应。这样，维吾尔人又将那水罐，焊了一焊，又将那台破汽车，修了一修，尔后动身。

维吾尔人动身三天之后，车还没有来。陈总这次是真正地慌了。一边开会号召大家节约用水（其实这节约也节约不到哪里去），一边赶快调来工作用的大卡车，让它载了雅丹下面堆着的那个水罐，去迪坎尔拉水。

坐看时间。罗布泊时间。地球时间。忠诚的乌鸦。忧伤的叙述者讲起俄罗斯勇士道伯雷尼亚的三条道路的故事。关于死亡的主题。关于爱情的主题。关于财富的主题。

我坐在雅丹上，呆呆地望着眼前这三万平方公里的罗布泊

我坐在雅丹上，呆呆地望着眼前的这三万平方公里罗布泊。一片汪洋，怎么说一声干涸，就干涸了，就干涸得一点水都没有了呢？望着眼前这凝固了的海，望着灰蒙蒙的天空高处那缓缓行驶的太阳，望着远处的敦煌，远处的楼兰，远处的龟兹，远处的断流了的孔雀河、开都河、塔里木河，我感悟到了一种可怕的、伟大的、足以摧毁一切的东西。这东西叫时间。

我眼前看到的罗布泊是时间，或曰是时间的杰作。我把我看到的这一切叫罗布泊时间，或者叫地球时间。

时间缓慢地冷酷地走着，像一只猛兽，像一个魔术师，肆意改变着一切，肆意吞噬着一切。它自遥远而来，又向遥远而去。我只是这匆匆的进程中的一个微尘，人类只是这时间进程中的一个偶然的存在者和闯入者。

前不见古人，后不见来者，念天地之悠悠，独怆然而涕下。

我站在罗布泊一处奇异的雅丹上，眼角涌出一滴冰凉的泪，朋友说这是罗布泊的最后一滴水。我站在罗布泊一处奇异的雅丹上，把自己站成一尊木乃伊，一具楼兰古尸，从而给后世留下一道人造的风景。

在伟大的罗布泊时间面前，人类的一切功造都显得多么可笑和没有意义啊！包括我们的拍片，包括熙熙攘攘的麻将，包括一切的事情。包括我的无意义的写作。

那只忠诚的乌鸦，静静地落在雅丹上，看着我。它不明白这个人为什么这样忧伤。而我也不明白它：它是从什么地方来的？它为什么要到这里来？是因为我们，它才到这里来的吗？而我们又为什么要到这里来？

我伸出手，乌鸦落在了我的手臂上；我又一扬手，乌鸦扑噜噜地飞去了。它并没有飞远，它现在绕着雅丹，绕着我，绕着这个被称为营盘

的临时住处，在飞。

我又想起了道伯雷尼亚那三条道路的故事。记得在来时的路上，在库鲁克塔格山北面，面对三岔路口那三块用作路标的红石头，我曾答应过读者，等我有机会，我将从容地讲述三块石头的故事。我现在就想讲了。不过讲的原因，一半是为了读者，一半则是为了此刻坐在雅丹上的忧伤的我。

在为祖国服务了一生之后，勇士道伯雷尼亚是老了。很老很老了。他知道自己该寻个去处，像猫儿一样去死了。于是他向田野上走去。在一个三岔路口他看见三块用作路标的红石头。那每一块石头都刻着一句话。第一块石头上刻着：谁从这条路上走过去，谁就将获得死亡。道伯雷尼亚微微一笑。成全我吧！我正想为自己找个结局！他说。他向第一条路上走去。走不多远，路边冲出来四十个强盗。道伯雷尼亚挥起希腊式的塔帽，向前一挥，世界上少了二十个强盗，向后一挥，另外二十个强盗也倒在了地上。道伯雷尼亚叹了口气，又回到三岔路口。他抹去第一块红石头上的字，然后用矛尖刻上：我从这一条路上走过了，我并没有被杀死。

第二块红石头上刻着：谁从这条路上走过去，谁就将获得爱情。现在，让我这个白发苍苍的棺材瓤子，去经历一次爱情吧！假如这世界上真有爱情的话！道伯雷尼亚说。说罢，他骑马向第二条道路走去。走不多远，前面出现了一座辉煌的宫殿。美若天仙妖冶无比的公主，在宫女们的簇拥下，在殿门门迎接他。公主牵着他的手，将他领到后宫，指着一张合欢床对他说，你先躺上去吧，我冲个澡就来！道伯雷尼亚望着这床看了一阵，然后抓起公主，将她扔到床上。这时惊人的事情发生了。只见公主掉到床上以后，那床吱呀一声翻了个个儿，公主掉进了地下室里。愤怒的道伯雷尼亚抱着柱子摇撼，宫殿倒了。他又打开了地下室的门，在那里找到四十个国家的王子。他们正是为了追求爱情而到了这里的。他们满面羞惭，从道伯雷尼亚的胯下纷纷逃离。道伯雷尼亚叹了口气，又回到三岔路口。他抹去第二块红石头上的字，然后用矛尖刻上：我从这条路上走过了，我并没有获得爱情。

第三块红石头上刻着：谁从这条路上走过去，谁就将获得财富。我要财富干什么呢？道伯雷尼亚说，不过，还是让我看一看到底是怎么回事！道伯雷尼亚向第三条道路走去，走不多远，前面有一块大石头横亘在路边，石头上写着，全世界的财富都在这石头底下压着，这石头底下是通向所罗门的宝库的大门。道伯雷尼亚跳下马，把矛子扔到一边，动手去掀那块大石头。他的眼睛睁得流出血。他的双腿深陷地下，地上成了两口井。轰隆一声，大石头被掀开了，金灿灿的一个宝库出现在他面前。道伯雷尼亚叫来天下所有的穷人来拿这些金子。金子很快地被拿光了。道伯雷尼亚叹了口气，又回到三岔路口。他抹去第三块石头上的字，用矛尖刻上：我从第三条路上走过了，我仍是一个穷光蛋！

斑驳面容的联想。敦煌莫高窟里的一幅壁画。叙述者感到自己体内的一部分东西正在死亡，一部分正在生长。叙述者从头顶上飞翔的乌鸦，联想到查拉斯图拉洞府中的鹰鹫。

而对罗布泊，我就像面对俄罗斯勇士道伯雷尼亚那张沧桑的悲苦的脸。或者那更像我的脸。我想起自己也曾是一名当兵的。当我从遥远的边疆回到内地以后，一位喜欢过我的女孩子曾称我的脸是斑驳面容。那女孩如今也已经成半老徐娘了。哦，应当受到诅咒的时间。

忠诚的乌鸦在我的头顶盘旋着，鸣啾着。

我想起我在敦煌莫高窟看到的那幅壁画。一位印度高僧，每日黄昏，都要来到恒河边上，开肠破肚，洗涤自己的肠胃，洗涤自己这一日所染的凡尘。他试图在这日日必备的洗礼中，洗尽凡尘，脱胎换骨，抵达一种大彻大悟尽善尽美的大境界。

我忘记了这是哪一个窟中的故事，也忘记了那高僧是准。我的笔一向疏于记录，而我的记忆又大不如前。不过这个佛教故事我是牢牢地记住了。记得，当时我站在莫高窟前，感到一种宁静，一种崇高。我还想到，高僧走下恒河边去的那一级级石的台阶，该就是泰戈尔笔下那头顶汲水罐的印度少女走过的台阶。

我愿意把自己的罗布泊之行，当做一次精神的洗礼。

面对罗布泊，在静静地独坐中，我感到自己身体中的一部分东西正在死亡，而一部分正在生长出来。正如罗布泊用三亿五千万年的时间，用十万年的时间，完成一次蘖盘一样，我用雅丹独坐这一刻的时间，完成我的蘖盘。

那只绕着雅丹飞翔的乌鸦，你就是那只曾盘旋在（尼采笔下的）查拉斯图拉的洞府中的鹰鹫吗？我不知道！

明天我将离开罗布泊。摄制组将离开罗布泊，而地质队将留下来，继续他们的使命。九月三十日晚上，营盘将喝一次酒，算是联欢和告别。十月一日早晨，将在罗布泊雅丹附近完成一次爆炸。这爆炸的目的仅仅是为了拍摄的需要。尔后，摄制组撤离。

最后的晚餐。爆破。告别罗布泊。逃离罗布泊。在雅丹前照相。路途上遇到的两辆拉水车。看见迪坎儿绿洲了。四次洗澡。人生的一次阅历至此结束。

九月三十的晚餐，是我们进驻罗布泊以后，最丰盛的一顿饭。地质队打开了他们带来的各种罐头。摄制组则搬出了剩下的半箱白酒。一张桌子不够用，于是，又搬来两张钢丝床，用作餐桌。营盘里所有的人都到齐了。陈总点了点人数，差五个人。两个人用那辆大卡车去拉水了。而那三个人，也就是在小红旗上写诗的陈建忠他们，还在罗布泊深处勘测井位。他们像断线了的风筝一样，联系不上。

小发电机开着。酒一直喝到夜半更深。

我们要走了，而这些人将要留下来。这使我不安。记得当年在白房子边防站，服役完五年，那天早晨离开的时候，我就是这种心情。

但是随着年龄渐长，马齿徒长，这种狭隘的心理现在已经没有了。也许是他们比我小二十多岁吧，我现在心里更多的是一种长辈式的担忧和怜悯。我甚至不敢去看那些留下来的人的眼睛。好像我这是在逃离似的。

那最后的一夜，我在地质队员们的帐篷里坐了很久很久。我把棉衣棉袄脱下来，送给那个给地质队扛标杆的小民工。我把照我写过好些文字的手电筒，送给技术员小石。我们摄制组为地质三大队赠送了罗布泊之子字样。字系本书作者所写。他们说，出了罗布泊，这些就用不上了。第二天上路的时候，我还把我的太阳镜，送给司机老任。我说，做个留念吧，你比我更需要它！

第二天早晨，是十月一日的早晨。太阳从敦煌方面，像一枚红色的硬币一样，缓缓浮上地平线。在距离雅丹一百米的地方，实施了一次爆炸。巨浪腾起，一片欢呼。继而，所有的人，或躺，或坐，或站在雅丹一侧，照了一张合影相。

接着就上路了。

离开罗布泊前的合影

上路前,我对陈总说,没有水怎么办,要不,地质队随我们先回到连木沁吧!陈总说,还有些矿泉水,可以坚持几天,再说,现在派出去了两个拉水车,总该有一个能回来吧!陈总也和我们一起走,回库尔勒队部去。他走后,罗布泊这一摊事,将由技术员小石负责。

确实有一种逃离的感觉,一种有一只猛兽在后面追赶的感觉。

出了罗布泊基地不远,快到龟背山的时候,见到了维吾尔人开的那辆拉水车。这车果然是迷路了。后来我们的车来到那片沼泽地时,看见维吾尔人在戈壁滩上留下的昨晚歇息的痕迹。这辆拉水车的到来,令离开的所有的人的压抑的心境轻松了一些。

而在库鲁克塔格山以北,我们又见到了地质队派出的那一辆拉水车。太奢侈了!我们现在有两车水了!陈总说。他对开车的两个年轻地质队员说,水送到罗布泊后,放一天假,让大家都洗个澡,洗洗衣服。

这两个地质队员从坐进车里以后，车就一直没有停。一个开，一个睡，一直到现在。我很为这些可爱的年轻人感动。他们中的一个，正是我在前面提到的雷平，或者王勇。

车过库鲁克塔格山山脊的时候，本来想在山顶那家小店歇息一下，可是小店没人，杨老板和何昌秀，大约都到山下的采石场去了。

如飞的车轮是在那一天黄昏，到达迪坎儿这一片绿洲的。一过觉罗塔格山的山口，风便变得柔和起来。而一进入康古儿海沟，风竟有了一些湿意了。我们贪婪地呼吸着这风。

突然，张作家端起自己的保温杯，哗哗地将水倒出了窗外。我说，你疯了，这是水！张作家往前一指说，已经看见绿洲了，不用再担心了，这红色的铁锈水，将它倒掉吧！

从迪坎儿到连木沁，短短的二十公里，我们洗了四次澡。

一进迪坎儿，看见了白杨，葡萄架，路边的蒿草，许多人眼睛变得湿汪汪的。路旁有一条小渠，这正是来时我们看到的那坎儿井流出来的水。一见水，张作家就大喊停车。车没停稳，他就跳了下去，鞋子也没有来得及脱，衣服也没有来得及脱，就爬在了水渠里。他先咕嘟咕嘟地喝了一肚子水，然后又将脑袋半浸在水里，洗那毡片一样的头发。

陈总说，这水太小，迪坎儿村子里，有一条小河，那里水大一些。于是，我们便从这渠爬出来，去找那小河。

一个美丽的小河从迪坎儿横穿而过。一群维吾尔族少女在下游洗衣服，一个维族老大爷在上游担水，一个维族老大娘在中游洗羊头、羊蹄。他们怜悯地看着这一群蓬头垢面的人们。

这一次，我们斯文一些了。我们坐在河边的石阶上，洗头，洗脸，刮胡子，刷牙，我们把双脚浸在水里，听任鱼儿轻轻地咬你的脚趾头。

第三次，是在汽车穿越一条小河时，蓝汪汪的水流又诱使我们停留下来，再洗了一次。

第四次是大洗。这天晚上，回到了连木沁地质一大队的驻地。我们每人，都在浴室的热水龙头前站了一个多小时。我们一边洗着，一边想着尚在罗布泊的地质队员们。

后来，我们重返乌鲁木齐。在乌鲁木齐分手，安导带领摄制组，随陈总前往库尔勒拍摄。继而又从库尔勒，到和田，到喀什。我和张作家，则乘火车，回西安去了。

后来在西安的家中，看到电视上报道的一位骑摩托车的报社记者，横穿罗布泊的情景。在电视屏幕上我看见了我居住的那一处雅丹，它比我居住时，显得更为苍老和凄凉了。

后记

我的一九九八和一九九九年，我的大陕北三部曲《最后一个匈奴》《六六镇》《古道天机》出齐。这是我对陕北高原这块给我衣食和恩惠的土地的报答。在这块充满苦难感与崇高感的土地上，人类的悲壮的生存斗争曾带给我许多次感动。我费力地想将我的感受、我的理解，我的诠释写出来。我做到这一点了吗？我不知道！但是在三部曲中，我曾试图这样做并努力把它做好。

一九九八年，我还出了另一部重要的长篇。它的题材是写中苏边境，即阿勒泰草原的。书名叫《愁容骑士》。它的成书纯属偶然。第九届图书节在西安开，一位书商朋友找到我，要我为图书节赶个长篇。于是我用一个半月时间，将自己边疆题材的七个中篇，改写和连缀成一个长篇。它的结构像一朵七瓣梅花。它是用那个站在寂寞荒原上的忧郁士兵作为主人公贯通的。图书节上销售还不错。我去签售了两天，卖去一千多册。

一九九八年，我还试图效仿王小波，写一本书叫《黑陶时代》。结果写到三万字，被别的事打搅了。我十分喜欢王小波这个作家，生活经他的魔杖一点，竟是这样的变成艺术的。他有点像纳博科夫和米兰昆德拉。当然纳博科夫更沉郁和犀利一些，米兰昆德拉则更飘逸和耽

于思索。不过王小波还真不错,像这样的小说家在中国还并不多。我的戏仿的这三万多字,武汉一家杂志约稿,我寄给他们了。也许我重新唤起兴趣后,会将它写完。

打搅我的事,是中央电视台要拍个大型纪录片《中国大西北》,他们找到散文家周涛,周涛又拉上小说家毕淑敏和我,这样三人成虎,给他们撰稿。一九九八年,在大西北陕甘宁青新广袤的土地上,我跟着他们瞎跑了大半年。我对总编导童宁说,我这是瞎子跟上驴跑哩!

这次游历带给我了一些副产品。大西北的那种深重的苦难和生存斗争的艰难,压抑得我简直喘不过气来。我也许将要写一本纪实性的书,它的名字叫《西北狼在嚎叫》。而先于它的,大约是另一本纪实的书。

在游历中,我最大的收获,就是随摄制组在死亡之海罗布泊待了十三天。那里没有一滴水,没有一株植物,没有一个动物,就像月球表面,像传说中的地狱一样。在罗布泊,我记了五万字的手记,将它们扩充成一本类似马丽华的《西行阿里》或周涛的《稀世之鸟》那样的书,大约不是太难的事。这也是一九九九年我的主要创作任务之一。

说话间已经是一九九九年的三月了,我还什么事情都没有做。我真恨自己虚掷光阴,恨自己这样行尸走肉般活着。今天是农历的正月十六,年已经过完,我想我该拾起关于罗布泊的手记,将它改完。

完了我想到我家乡的西安市临潼区去挂职,写我的家族题材的长篇。一九九二年到一九九五年,我曾在陕北的黄陵县挂过三年县委副书记,挂职的最大好处是你可以拒绝任何打搅你的事,狡兔三窟,你有托辞。

我有三个生活基地,一个是陕北高原,一个是我的家乡渭河平原,一个是我当兵的阿勒泰草原。我曾在一篇小文中,动情地说:我死后,请将我的骨灰一分为三,一份撒入延河,一份撒入渭河,一份撒入额尔齐斯河。

我对陕北有个交代了,我对边疆也算是有个交代了,下来我该沉人渭河畔上那个古老的高村,写我的高族的世纪史了。那里有着许多的家族传奇。我的父辈老兄弟三个,父亲和叔父已经过世,只剩下八十高龄的伯父还在,年前我去看他,他说:你不是要我给讲那些老古董吗,你不回来,我就把它带到坟墓里去了。

以上就是我的一九九八和一九九九。

如今我住在西安唐大明宫遗址附近。家中上班的老婆贤惠,上高中的儿子学习好,有这些我就满足了。而一想到这里曾是贵妃研墨力士脱靴李太白醉写吓蛮书的地方,心中也就往往生出一份豪气。我不贪钱,我不爱奖,我对文坛的各种小圈子敬鬼神而远之,我只想在我为时不多的时间中,多写几本书。交三五个知心朋友,写一两部传世之作是我的一直的想法。今年春节,我给屋门上拟了一副对联,上联是“敢有文章惊海内”,下联是“半世功名一鸡肋”,横批是“玉兔东升”。上联铺张扬砺,乃负气文人的夸饰之语,不可当真,下联一嘴的苦涩,正是我这一段的心情,而横批上的四个字,是希望生活会顺一点,不愉快的事情会少一点。

附记:本书提供照片的为陈旭先生。本书参考书目如下:赫定《罗布泊探秘》、赫定《亚洲腹地探险八年》、奚国金《罗布泊之谜》、杨镰《最后的罗布人》、高庆衍《漫漫天山路》。还有一些零星的参考资料,恕不一一列出。